建筑施工特种作业人员安全技术考核培训统编教材

建筑起重机械安装拆卸工

（施工升降机）

主编　王有志　鲍利

中国劳动社会保障出版社

图书在版编目(CIP)数据

建筑起重机械安装拆卸工（施工升降机）/王有志，鲍利主编. —北京：中国劳动社会保障出版社，2010

建筑施工特种作业人员安全技术考核培训统编教材

ISBN 978-7-5045-8744-2

Ⅰ.①建… Ⅱ.①王…②鲍… Ⅲ.①建筑机械：起重机械-装配（机械）-安全技术-技术培训-教材②建筑机械-升降机-装配（机械）-安全技术-技术培训-教材 Ⅳ.①TH210.8

中国版本图书馆 CIP 数据核字(2010)第 239617 号

中国劳动社会保障出版社出版发行

（北京市惠新东街 1 号 邮政编码：100029）

出 版 人：张梦欣

*

新华书店经销

北京地质印刷厂印刷 三河市华东印刷装订厂装订

850 毫米×1168 毫米 32 开本 7.625 印张 186 千字

2011 年 1 月第 1 版 2011 年 1 月第 1 次印刷

定价：21.00 元

读者服务部电话：010－64929211/64921644/84643933

发行部电话：010－64961894

出版社网址：http：//www.class.com.cn

如有印装差错，请与本社联系调换：010－80497374

内容简介

本书根据《建筑施工特种作业人员管理规定》《建筑施工特种作业人员安全技术考核大纲（试行）》《建筑施工特种作业人员安全操作技能考核标准（试行）》等相关规定，介绍了建筑起重机械安装拆卸工（施工升降机）必须掌握的安全技术知识和操作技能，针对施工升降机安装拆卸工的特点，文字力求通俗易懂，内容及顺序编排尽量符合施工升降机安装拆卸工的工作过程，深入浅出，以便于达到学以致用的目的，突出了培训教材的实用性、实践性和可操作性。

本书共分7章，包括基础理论知识、施工升降机及其分类、施工升降机的组成、施工升降机的安全装置、施工升降机的安装与拆卸、施工升降机的维护保养与常见故障排除和施工升降机安装拆卸事故案例分析等。

本书既可作为建筑起重机械安装拆卸工（施工升降机）的培训教材，也可作为建筑起重机械安装拆卸工（施工升降机）的常备参考书和自学用书。

前　言

建筑施工是高危行业之一，从事建筑施工的作业人员按照规定分为电工等若干工种，其安全生产管理历来受政府高度重视。所谓建筑施工特种作业人员，是指在房屋建筑和市政工程施工活动中，从事可能对本人、他人及周围设备设施的安全造成重大危害作业的人员。为加强对建筑施工特种作业人员的管理，防止和减少生产安全事故，住房和城乡建设部于2008年先后发布施行了《建筑施工特种作业人员管理规定》（以下简称《规定》）和《关于建筑施工特种作业人员考核工作的实施意见》。根据《建设工程安全生产管理条例》和《安全生产许可证条例》相关规定，建筑施工特种作业人员必须按照国家有关规定经过专门的安全作业培训，并取得特种作业操作资格证书后，方可上岗作业。特种作业人员的安全技术考核培训和管理工作又上了一个新台阶。

目前，建筑施工特种作业人员培训考核工作已经正式开展并取得良好的效果，培训单位和培训人员急需有针对性和实用性的教材。鉴于此，根据住房城乡建设部颁布的《规定》和《建筑施工特种作业人员安全技术考核大纲（试行）》《建筑施工特种作业人员安全操作技能考核标准（试行）》的要求，我们组织编写了“建筑施工特种作业人员安全技术考核培训统编教材”。本套教材共14种：《建筑施工特种作业安全生产知识》《建筑电工》《建筑焊工》《建筑架子工（普通脚手架）》《建筑架子工（附着升降脚手架）》《建筑起重司索信号工》《建筑起重机械司机（塔式起重机）》《建筑起重机械司机（流动式起重机）》《建筑起重机械司机

(施工升降机)》《建筑起重机械司机(物料提升机)》《建筑起重机械安装拆卸工(塔式起重机)》《建筑起重机械安装拆卸工(施工升降机)》《建筑起重机械安装拆卸工(物料提升机)》《高处作业吊篮安装拆卸工》,其中,《建筑施工特种作业安全生产知识》为每个工种必修的基础知识,为通用教材。

本套教材针对建筑施工特种作业人员各工种的安全技术考核培训,紧扣考核大纲和技能操作考核标准,具有科学性、实用性和适用性的特点,内容深入浅出,通俗易懂并图文并茂。本套教材编写过程中,得到了地方建筑工程管理局、相关高职院校、培训单位和企业的专家、学者的积极参与和稿件的审读工作,各书种主编都具有多年从事建筑特种作业人员培训的授课老师,使教材真正达到"少而精""实用、管用"。参加本套书组织和编写的人员有:仝茂祥、徐惠、胡世杰、叶琦、黄代高、吴建华、王有志、鲍利、任彦斌、黄小明、程国强、张鸿文、孙超、周冠南。

由于时间关系,难免有错误和不足之处,欢迎广大的读者给予批评指正。

编写工作组

2010年7月

目　　录

第一章

基础理论知识

第一节　力学基础知识

一、基本概念

1. 力及力的效应

在生产和生活中人们对力是很熟悉的。例如，用手推小车，由于手臂肌肉的紧张而感觉到用“力”，小车也因受“力”而由静止开始运动；物体受地球引力作用而自由下落时，速度将越来越快；用气锤锻打工件，工件受锻打冲击力作用发生变形等。力是一个物体对另一个物体的作用，一个是受力物体，另一个是施力物体，其结果是使物体的运动状态发生变化或使物体变形。力不能脱离实际物体而存在。力使物体运动状态发生变化的效应称为力的外效应，使物体产生变形的效应称为力的内效应。

2. 力的三要素

力作用在物体上，产生的效果是由力的大小、力的方向和力的作用点三个因素决定的。

在力学中，把力的大小、方向和作用点称为力的三要素。如图 1—1 所示，用手拉伸弹簧，用的力越大，弹簧拉得越长，这表明力产生的效果与力的大小有关系；用同样大小的力拉弹簧和压弹簧，拉的时候弹簧伸长，压的时候弹簧缩短，说明力的作用效果与力的作用方向有关系；如图 1—2 所示，用扳手拧螺母，手握在 A 点比 B 点省力，所以力的作用效果与力的作用点有关，三要素中任何一个要素改变，都会使力的作用效果改变。

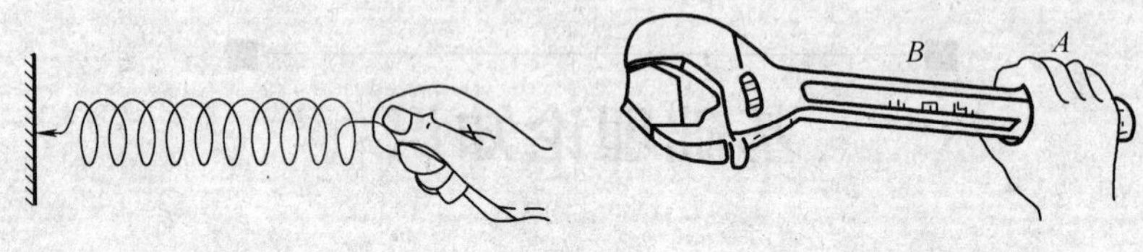

图 1—1　手拉弹簧　　　　图 1—2　用扳手拧螺母

力的大小表明物体间作用力的强弱；力的方向表明在该力的作用下，静止的物体开始运动的方向，作用力的方向不同，物体运动的方向也不同；力的作用点是力在物体上的作用部位。力是矢量，具有大小和方向。

二、力的性质

经过长期的生产和生活实践，人们逐渐认识了许多力的性质，其中最基本的性质可归纳为以下几个方面。

1. 作用力与反作用力

力是物体间的相互作用，因此，力总是成对出现的。一物体以一个力作用于另一物体时，另一物体必以一个大小相等、方向相反且在同一直线上的力作用在此物体上。如手拉弹簧，手给弹簧一个力，则弹簧给手一个反作用力，这两个力大小相等，方向相反，且作用在同一直线上。作用力与反作用力分别作用在两个物体上，不能看成是两个平衡力而相互抵消。

2. 二力平衡原理

使物体在两个力的作用下保持平衡的条件是：这两个力大小相等，方向相反，且作用在同一直线上。

3. 力的可传递性

通过作用点，沿着力的方向引出的直线，称为力的作用线。在力的大小、方向不变的条件下，力的作用点可以在它的作用线上移动而不会影响力的作用效果，这就是力的可传递性。

三、力的单位

在国际计量单位制中，力的单位用牛顿或千牛顿，简写为牛（N）或千牛（kN）。工程上曾习惯采用千克力（kgf）和吨力（tf）来表示。它们之间的换算关系为：

$$1\ \mathrm{N}=0.102\ \mathrm{kgf}$$

$$1\ \mathrm{tf}=1\ 000\ \mathrm{kgf}$$

$$1\ \mathrm{kgf}=9.807\ \mathrm{N}\approx 10\ \mathrm{N}$$

第二节　电工基础知识

一、基本概念

1. 电流、电压和电阻

（1）电流

在电路中电荷作有规则的运动形成电流，在电路中靠电流传输能量。电流不但有方向，而且有大小。大小和方向不随时间变化的电流，称为直流电，用字母“DC”或“—”表示；大小和方向随时间变化的电流，称为交流电，用字母“AC"或“～"表示。

在日常工作中，用试电笔测交流电时，试电笔氖管通身发亮，且亮度明亮；测直流电时，试电笔氖管一端发亮，且亮度较暗。

电流的大小称为电流强度。电流强度的基本单位是安培，简称安，用字母 A 表示，电流强度常用的单位还有千安（kA）、毫安（mA）、微安（μA），换算关系为：

$$1\ \text{kA}=1\ 000\ \text{A}$$

$$1\ \text{A}=1\ 000\ \text{mA}$$

$$1\ \text{mA}=1\ 000\ \mu\text{A}$$

测量电流强度的仪表叫电流表，又称安培表，分直流电流表和交流电流表两类。测量时，必须将电流表串联在被测电路中。每一个电流表都有一定的测量范围，所以在使用电流表时，应该先估算被测电流的大小，选择量程合适的电流表。

（2）电压

电路中要有电流，必须要有电位差，有了电位差，电流才能从电路中的高电位点流向低电位点。电压是指电路中（或电场中）任意两点之间的电位差。

电压的基本单位是伏特，简称伏，用字母 V 表示，常用的单位还有千伏（kV）、毫伏（mV）等，换算关系如下：

$$1\ \text{kV}=1\ 000\ \text{V}$$

$$1\ \text{V}=1\ 000\ \text{mV}$$

测量电压的仪表叫电压表，又称伏特表，分直流电压表和交流电压表两类。测量时，必须将电压表并联在被测电路中，每个电压表都有一定的测量范围（即量程）。使用时，必须注意所测电压不得超过电压表的量程。

电压按等级划分为高压、低压与安全电压。

1）高压：指电气设备对地电压在 250 V 以上。

2）低压：指电气设备对地电压在 250 V 以下。

3）安全电压：有五个等级，42 V、36 V、24 V、12 V、6 V。

注：安全电压的五个等级是为防止触电事故而采用的由特定电源供电的系列电压，这个系列电压的上限值，在任何情况下均不得超过交流（50～500 Hz）有效值 50 V，此系列电压称为安全电压。

(3) 电阻

导体对电流的阻碍作用称为电阻，导体的电阻是在导体中客观存在的。在温度不变的情况下，导体的电阻与导体的长度成正比，与导体的横截面积成反比。电阻的常用单位有欧（Ω）、千欧（kΩ）和兆欧（MΩ），换算关系如下：

$$1\ \text{k}\Omega=1\ 000\ \Omega$$

$$1\ \text{M}\Omega=1\ 000\ \text{k}\Omega=1\ 000\ 000\ \Omega$$

2. 电路

(1) 电路的组成

电路就是电流流通的路径，如日常生活中的照明电路、电动机电路等。电路一般由电源、负载、导线和控制器件四个基本部分组成，如图 1—3 所示。

1）电源。将其他形式能量转换为电能的装置，在电路中，电源产生电能，并维持电路中的电流。

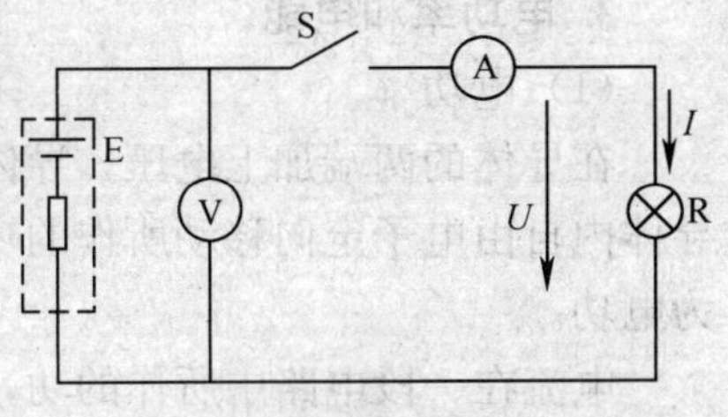

图 1—3 电路示意图

2）负载。将电能转换为其他形式能量的装置。

3）导线。连接电源和负载的导体，为电流提供通道并传输电能。

4）控制器件。在电路中起接通、断开、保护及测量等作用的装置。

(2) 电路的类别

按照负载的连接方式，电路可分为串联电路和并联电路。电路中电流依次通过每一个组成元件的电路，称为串联电路；所有负载（电源）的输入端和输出端分别连接在一起的电路，称为并联电路。

按照电流的性质，电路可分为交流电路和直流电路。电压和电流的大小及方向随时间变化的电路，叫交流电路；电压和电流的大小及方向不随时间变化的电路，叫直流电路。

（3）电路的状态

1）通路。当电路的开关闭合，负载中有电流通过时称为通路，电路正常工作状态为通路。

2）开路。即断路，指电路中开关打开或电路中某处断开时的状态，开路时电路中无电流通过。

3）短路。电源两端的导线因某种故障未经过负载而直接连通时称为短路。短路时负载中无电流通过，流过导线的电流比正常工作时大几十倍甚至数百倍，短时间内就会使导线产生大量的热量，造成导线熔断或过热而引发火灾，短路是一种事故状态，应避免发生。

3. 电功率和电能

（1）电功率

在导体的两端加上电压，导体内就产生了电流。电场力推动导体内自由电子定向移动所作的功，通常称为电流所作的功或称为电功。

电流在一段电路中所作的功，与这段电路两端的电压 U、电路中的电流强度 I 和通电时间 t 成正比。

电流作功的过程实际上是电能转化为其他形式能量的过程。例如，电流通过电炉作功，电能转化为热能；电流通过电动机作功，电能转化为机械能。

单位时间内电流所作的功叫电功率，简称功率，用字母 P 表示，其单位为焦耳/秒（J/s），即瓦特，简称瓦（W）。

常用的电功率单位还有 kW、MW 和马力，换算关系如下：

$$1\ \text{kW}=1\ 000\ \text{W}$$

$$1\ \text{MW}=1\ 000\ 000\ \text{W}$$

$$1\ \text{马力}=735.499\ \text{W}$$

（2）电能

电路的主要任务是进行电能的传送、分配和转换。电能是指电以各种形式作功的能力。电能的单位是千瓦·小时（kW·h），简称度，1度＝1 kW·h。

测量电能的仪表称为电能表，又称电度表，它可以计量用电设备或电气设备在某段时间内所消耗的电能。测量电功率的仪表称为功率表，它可以测量用电设备或电气设备在某一工作瞬间的电功率大小。功率表又可以分为有功功率表（kW）和无功功率表（kvar）。

4. 交流电

交流电是指大小和方向都随时间变化的电动势、电压或电流，平时用的交流电是随时间按正弦规律变化的，所以叫做正弦交流电，简称交流电，用“AC”或“～”表示。

工业上普遍采用频率为50 Hz的正弦交流电，在日常生活中，人们接触较多的是单相交流电；而实际工作中，人们接触更多的是三相交流电。三个具有相同频率、相同振幅，但在相位上彼此相差120°的正弦交流电压、电流或电动势，统称为三相交流电。

工业上用的三相交流电，有的直接来自三相交流发电机，但大多数来自三相变压器，对于负载来说，它们都是三相交流电源，在低电压供电时，多采用三相四线制。

在三相四线制供电时，三相交流电源的三个线圈采用星形（Y形）接法，即把三个线圈的末端X、Y、Z连接在一起，成为三个线圈的公用点，通常称它为中点或零点，并用字母O表示。供电时，引出四根线，从中点O引出的导线称为中线或零线；从三个线圈的首端引出的三根导线称为A线、B线、C线，统称为相线或火线。在星形接法中，如果中点与大地相连，中线也称为地线。常见的三相四线制供电设备中引出的四根线，就是三根火线和一根地线。

二、低压电器

低压电器在供配电系统中广泛用于电动机、变压器等电气装置，起开关、保护、调节和控制的作用，按其功能可分为开关电器、控制电器、保护电器、调节电器、主令电器、成套电器等，下面主要介绍起重机械中常用的几种低压电器。

1. 主令电器

主令电器是一种能向外发送指令的电器，主要有控制按钮、行程开关、万能转换开关、主令控制器等。利用它们可以实现对控制电器的操作或实现控制电路的顺序控制。

（1）控制按钮

控制按钮是一种靠外力操作而接通或断开电路的电气元件，一般不能直接用来控制电气设备，只能发出指令，但可以实现远距离操作。常用控制按钮如图 1—4 所示。

图 1—4　常用控制按钮

（2）行程开关

行程开关又称限位开关或终点开关，它不用人工操作，而是利用机械设备某些部件的碰撞来控制自身的运动方向或行程。行程开关是一种将机械信号转换为电信号来控制运动部件行程的开关元件，被广泛用于顺序控制器及运动方向、行程、零位、限位、安全及自动停止、自动往复等控制系统中。图 1—5 所示为常用行程开关。

图 1—5　常用行程开关

（3）万能转换开关

万能转换开关是一种多对触头、多个挡位的转换开关（见图 1—6），主要由操作手柄、转轴、动触头及带号码牌的触头盒等构成。常用的转换开关有 LW2、LW4、LW5－15D、LW 15－10、LWX2 等，QT30 以下的塔式起重机一般使用 LW5 型万能转换开关。

图 1—6　万能转换开关

(4) 主令控制器

主令控制器，又称主令开关，主要用于电气传动装置中，按一定顺序分合触头，达到发布命令或其他控制线路联锁转换的目的。例如，塔式起重机中的联动控制台就属于主令控制器，用来操作塔式起重机的回转、变幅、卷扬等动作，如图 1—7 所示。

图 1—7　联动控制台

2. 空气断路器

低压空气断路器又称自动空气开关或空气开关，属开关电器，当电路发生过载、短路和欠压等不正常情况时，能自动切断电路，也可用于不频繁地启动电动机或接通、切断电路，有万能式断路器、塑壳式断路器、微型断路器、漏电保护器等。图 1—8 所示为常用断路器。

图 1—8　常用断路器

漏电保护器是漏电电流动作保护器的简称，它是空气断路器的一个重要分支，主要用于防止因漏电发生电击人身伤亡及防止因电气设备或线路漏电引起电气火灾事故。漏电保护器的动作电流值主要有 6 mA、10 mA、30 mA、100 mA、300 mA、500 mA、1 A、2 A、5 A、10 A、20 A。安装在负荷端电器电路中的漏电保护器、用于防止人为触电的漏电保护器，考虑到漏电电流通过人体的影响，其动作电流不得大于 30 mA，动作时间不得大于 0.1 s。应用于潮湿场所的电气设备，应选用额定漏电动作电流不大于 15 mA、额定漏电动作时间不大于 0.1 s 的漏电保护器。

漏电保护器按结构和功能分为漏电开关、漏电断路器、漏电继电器、漏电保护插头和插座。漏电保护器按极数还可分为单极、二极、三极、四极等多种类型。

3. 接触器

接触器是电力拖动和控制系统中应用最为广泛的一种电器，它可以频繁操作及远距离接通、断开主电路和大容量控制电路。接触器可分为交流接触器和直流接触器两大类。

接触器主要由电磁系统、触头系统和灭弧装置等部分组成。交流接触器交流线圈的额定电压有 380 V、220 V、48 V 等多种。图 1—9 所示是常用接触器。

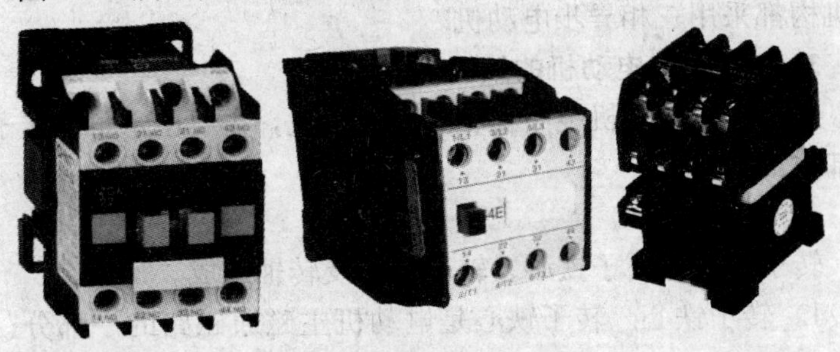

图 1—9　常用接触器

4. 继电器

继电器是一种自动控制电器，在一定的输入参数下，它受输入端的影响而使输出参数有跳跃式的变化。常用的有中间继电器、热继电器、延时继电器、温度继电器等。图 1—10 所示为常用继电器。

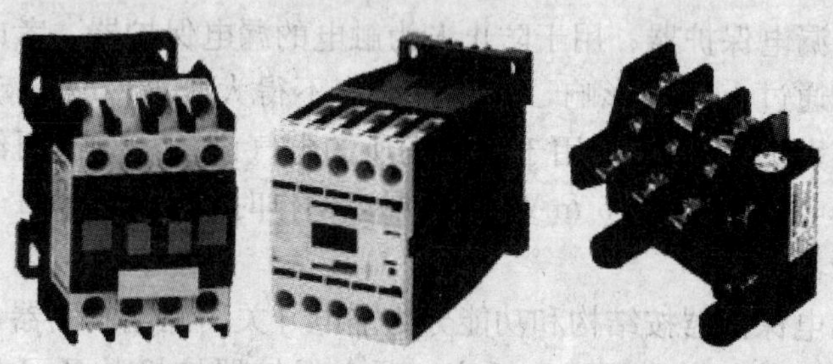

图 1—10　常用继电器

三、交流电动机

1. 交流电动机的分类

交流电动机分为异步电动机和同步电动机。异步电动机又可分为单相电动机和三相电动机。单相异步电动机主要用于洗衣机、电冰箱、空调、电扇、排风扇、木工机械及小型电钻等。施工现场使用的施工升降机、塔式起重机的行走、变幅、起升、回转机构都采用三相异步电动机。

2. 三相异步电动机的结构

三相异步电动机也叫三相感应电动机，主要由定子和转子两个基本部分组成。

（1）转子

转子部分由转子铁心、转子绕组及转轴组成。

1）转子铁心。转子铁心是电动机主磁通磁路的一部分，一般由 0.35～0.5 mm 厚的硅钢片叠成，并固定在转轴上。转子铁心外圆侧均匀分布着线槽，用以浇铸或嵌放转子绕组。

2）转子绕组。按其形式分为笼式和绕线式两种。

小容量笼式电动机一般在转子铁心槽内浇铸铝笼条，两端的端环将笼条短接起来，并浇铸成冷却风扇叶状。图 1—11 所示为笼式电动机的转子。

绕线式电动机是在转子铁心线槽内嵌放对称三相绕组，如图 1—12 所示。三相绕组的一端接成星形，另一端接在固定于转轴上的滑环（集电环）上，通过电刷与变阻器连接。图 1—13 所示为三相绕线式电动机的滑环结构。

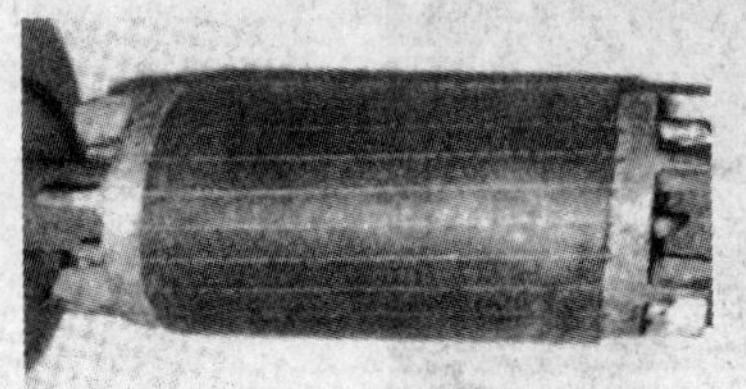

图 1—11　笼式电动机的转子

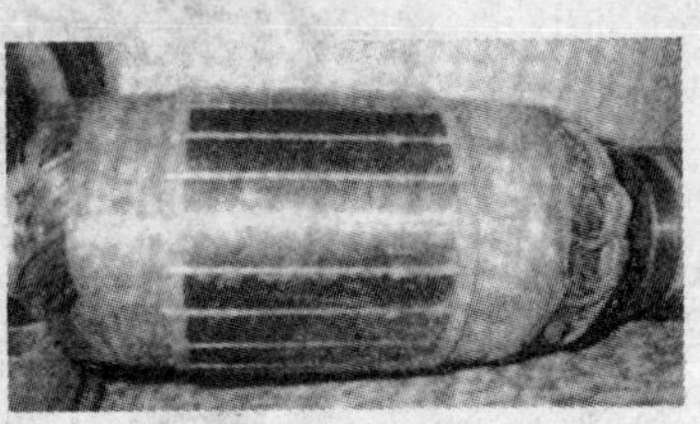

图 1—12　绕线式电动机的转子绕组

图 1—13　三相绕线式电动机的滑环结构

3）转轴。主要作用是支撑转子和传递转矩。

（2）定子

定子主要由定子铁心、定子绕组、机座和端盖等组成。

1）定子铁心。定子铁心是异步电动机主磁通磁路的一部分，通常由导磁性能较好的0.35～0.5 mm厚的硅钢片叠压而成。对于容量较大（10 kW以上）的电动机，在硅钢片两面涂以绝缘漆，起片间绝缘作用。

2）定子绕组。定子绕组是异步电动机的电路部分，由三相对称绕组按一定的空间角度依次嵌放在定子线槽内，其绕组有单层和双层两种基本形式，如图1—14所示。

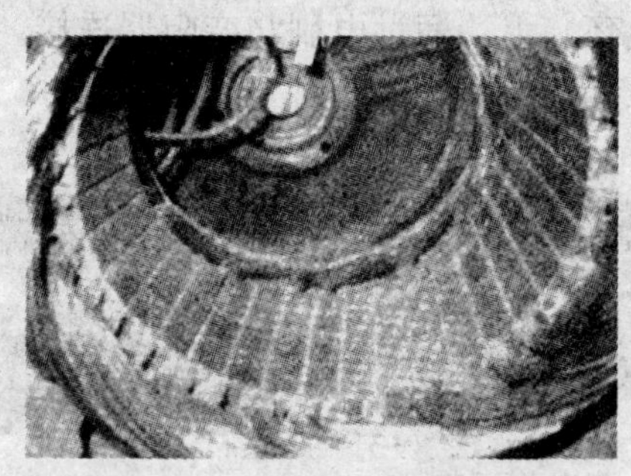

图1—14　三相电动机的定子绕组

3）机座。机座的作用主要是固定定子铁心并支撑端盖和转子，中小型异步电动机一般都采用铸铁机座。

3. 三相异步电动机的铭牌

电动机出厂时，在机座上都有一块铭牌，上面标着该电动机的型号、规格和有关数据。

（1）铭牌的标志

例如，铭牌上的电动机型号：Y—132S_2—2

其中，Y——表示异步电动机；

132——表示机座号，数据为轴心对底座平面的中心高（mm）；

S——表示短机座（S：短；M：中；L：长）；

$_2$——表示铁心长度号；

2——表示电动机的极数。

（2）技术参数

1）额定功率。电动机的额定功率也称额定容量，表示电动机在额定工作状态下运行时，轴上能输出的机械功率，单位为 W 或 kW。

2）额定电压。额定电压是指电动机额定运行时，外加于定子绕组上的线电压，单位为 V 或 kV。

3）额定电流。额定电流是指电动机在额定电压和额定输出功率下运行时定子绕组的线电流，单位为 A。

4）额定频率。额定频率是指电动机额定运行时电源的频率，单位为 Hz。

5）额定转速。额定转速是指电动机额定运行时的转速，单位为 r/min。

6）接线方法。表示电动机在额定电压下运行时，三相定子绕组的接线方式。目前电动机铭牌上给出的接法有两种，一种是额定电压为 380 V/220 V，接法为 Y/△；另一种是额定电压为 380 V，接法为△。

7）绝缘等级。电动机的绝缘等级是指绕组所采用的绝缘材料的耐热等级，它表明电动机所允许的最高工作温度，见表 1—1。

表 1—1　　　　绝缘等级及最高工作温度

绝缘等级	Y	A	E	B	F	H	C
最高工作温度（℃）	90	105	120	130	155	180	>180

4. 三相异步电动机的运行与维护

（1）电动机启动前的检查

1）电动机上或附近有无杂物和无关人员。

2）电动机所拖动的机械设备是否完好。

3）大型电动机轴承和启动装置中油位是否正常。

4）绕线式电动机的电刷与滑环接触是否紧密。

5）转动电动机转子或其所拖动的机械设备，检查电动机和所拖动的设备转动是否正常。

（2）电动机运行中的监视与维护

1）电动机的温升及发热情况。

2）电源电压的变化。

3）电动机的运行负荷电流值。

4）三相电压和三相电流的不平衡度。

5）电动机的振动情况。

6）电动机运行的声音和气味。

7）电动机的周围环境及使用条件。

8）电刷是否冒火星或有其他异常现象。

第三节　机械基础知识

一、概述

1. 机器

机器基本上都由原动部分、传动部分和工作部分组成。原动部分是机器动力的来源，常用的原动机有电动机、内燃机、空气压缩机等。传动部分是按工作要求将动力部分的运动和动力传递、转换或分配给工作部分的中间装置。常用的传动方式有齿轮传动、蜗轮蜗杆传动、链传动、带传动等。工作部分完成机器预定的动作，处于整个传动的终端，其结构形式主要取决于机器本身的用途。机器一般有以下三个共同的特征：

（1）机器是由许多部件组合而成的。

（2）机器中的构件之间具有确定的相对运动。

（3）机器能完成有用的机械功或者实现能量转换。例如，运输机能改变物体的空间位置，电动机能把电能转换成机械能。

2. 机构

机构与机器有所不同，机构具有机器的前两个特征，而没有最后一个特征。通常把这些具有确定相对运动的构件的组合称为机构。因此，机构和机器的区别是机构的主要功用在于传递或转变运动的形式，而机器的主要功用是利用机械能作功或实现能量转换。

由上述可知，机械是机器和机构的总称。

3. 运动副

使两物体直接接触而又能产生一定相对运动的连接，称为运动副，如图 1—15 所示。根据运动副中两构件接触形式不同，运动副可分为低副和高副。

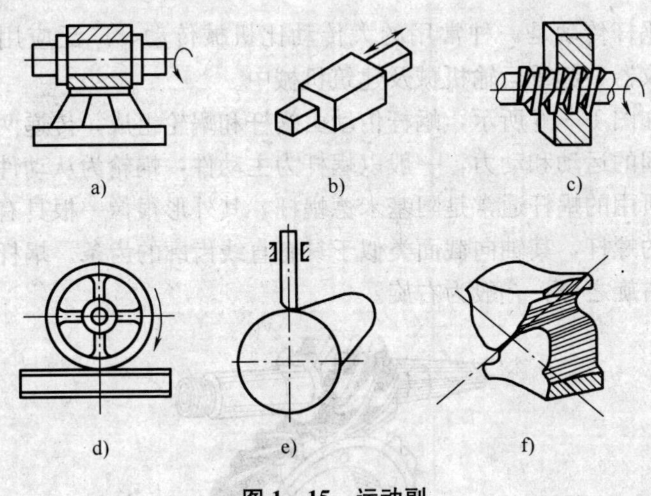

图 1—15　运动副

a）转动副　b）移动副　c）螺旋副　d）、e）、f）高副

（1）低副

低副是指两构件之间为面接触的运动副。按两构件的相对运动情况，可分为转动副、移动副和螺旋副。

1）转动副。两构件在接触处只允许作相对转动，如图 1—

15a 所示。

2）移动副。两构件在接触处只允许作相对移动，如图 1—15b 所示。

3）螺旋副。两构件在接触处只允许作一定关系的转动和移动的复合运动，如图 1—15c 所示为丝杠与螺母组成的运动副。

（2）高副

高副是指两构件之间为点接触或线接触的运动副。如图 1—15d、e、f 所示的滚轮与轨道、凸轮与推杆及轮齿与轮齿之间的接触均为常用高副。

二、蜗杆传动

蜗杆传动是一种常用的大传动比机械传动，广泛应用于机床、仪器、起重运输机械及建筑机械中。

如图 1—16 所示，蜗杆传动由蜗杆和蜗轮组成，传递两交错轴之间的运动和动力，一般以蜗杆为主动件，蜗轮为从动件。工程中所用的蜗杆通常是阿基米德蜗杆，其外形很像一根具有梯形螺纹的螺杆，其轴向截面类似于具有直线齿廓的齿条。蜗杆有左旋、右旋之分，一般为右旋。

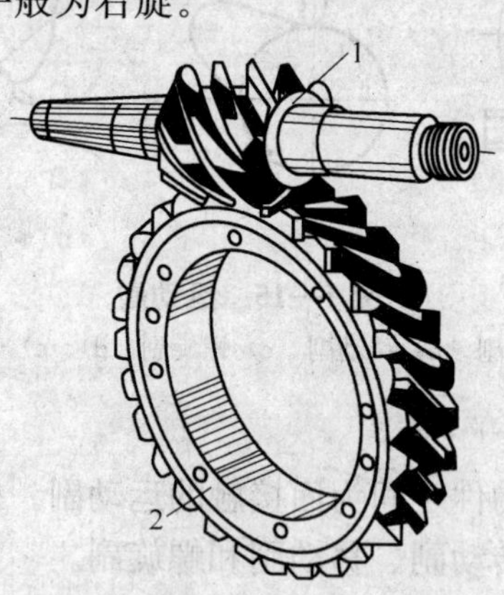

图 1—16　蜗杆传动

1—蜗杆　2—蜗轮

蜗杆传动的主要特点是工作平稳、噪声小，蜗杆螺旋角小时具有自锁作用，但传动效率低、价格比较昂贵。

三、齿轮传动

齿轮传动是在建筑机械中应用很广泛的一种机械传动形式，如施工升降机、塔式起重机、混凝土搅拌机、钢筋切断机、卷扬机等都采用了齿轮传动。

1. 齿轮传动的分类

齿轮传动种类很多，可以按不同的方法进行分类。

（1）按两齿轮轴线的相对位置，可分为两轴平行、两轴相交和两轴交错三类。其中，齿轮齿条传动在施工升降机中得到了广泛应用。

（2）按润滑方式，可分为开式、半开式和闭式三类。

1）开式齿轮传动的齿轮外露，容易受到尘土侵袭，润滑不良，轮齿容易磨损，多用于低速传动和精度要求不高的场合。

2）半开式齿轮传动装有简易防护罩，有时还浸入油池中，这样可较好地防止灰尘侵入。由于磨损仍比较严重，所以一般只用于低速传动的场合。

3）闭式齿轮传动是将齿轮安装在刚度较高的密闭壳体内，并将齿轮浸入一定深度的润滑油中，以保证有良好的工作条件，适用于中速及高速传动的场合。

2. 齿轮传动的失效形式

由于某种原因齿轮传动不能正常工作时，称为失效。常见的齿轮传动失效形式为齿面损坏和齿根折断两类。其中，齿面损坏主要有三种形式，分别为齿面磨损、齿面点蚀和齿面胶合。施工升降机的齿轮齿条传动由于润滑条件差，灰尘、脏物等研磨性微粒易落在齿面上，轮齿磨损快，且齿根产生的弯曲应力大，因此，齿面磨损和齿根折断是施工升降机齿轮齿条传动的失效形式。

3. 齿轮传动的特点

（1）优点

齿轮传动依靠两齿轮轮齿之间的接触进行啮合传动，因此与其他传动形式（如带传动、链传动）相比，具有下列优点：

1）传动效率高，一般为 95%～98%，最高可达 99%。

2）结构紧凑、体积小，与带传动相比，外形尺寸大大减小，小齿轮与轴做成一体时直径只有 50 mm 左右。

3）传动比固定不变，传递运动准确可靠。

4）工作可靠，使用寿命长。

5）能实现平行轴间、相交轴间及空间相错轴间的多种传动。

（2）缺点

其主要缺点如下：

1）制造的精度要求高，因此成本较高。

2）齿轮传动一般不宜承受剧烈的冲击和过载。

3）当两轴之间中心距较大时，不宜采用齿轮传动。

四、常用机械零件

1. 键连接和销连接

（1）键连接

在各种机器上有很多转动零件，如齿轮、带轮、蜗轮、凸轮等，这些轮毂和轴大多数采用平键连接或花键连接。键连接是一种应用很广泛的可拆连接，主要用于轴与轴上零件的周向相对固定，以传递运动或转矩。

1）平键连接。平键连接时，先将键放入轴上的键槽中，然后推上零件的轮毂，构成平键连接，如图 1—17 所示。平键连接时，键的上顶面与轮毂键槽的底面之间留有间隙，而键的两侧面与轴、轮毂键槽的侧面配合紧密，工作时依靠键和键槽侧面的挤压来传递运动和转矩，因此，平键的侧面为工作面。

键连接结构简单、装拆方便、对中性好，应用广泛。

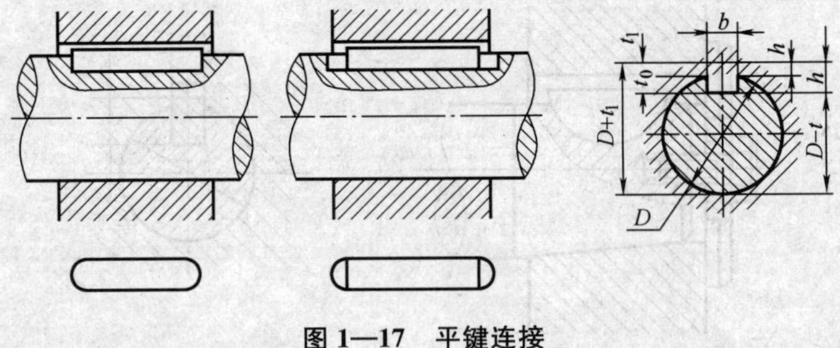

图 1—17　平键连接

2）花键连接。在使用一个平键不能满足轴所传递的转矩的要求时，可采用花键连接。花键连接由花键轴与花键套构成，如图 1—18 所示。花键连接常用于传递大转矩、要求有良好的导向性和对中性的场合。花键的齿形有矩形、三角形及渐开线三种，矩形花键加工方便，应用较广。

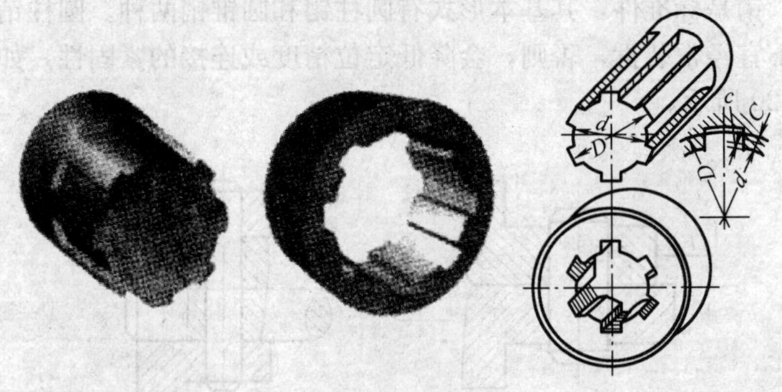

图 1—18　花键连接

3）半圆键连接。半圆键的上表面为平面，下表面为半圆形弧面，两侧面互相平行。半圆键连接也是靠两侧工作面传递转矩的，如图 1—19 所示。

其特点是能自动适应零件轮毂槽底的倾斜，使键受力均匀，主要用于轴端传递转矩不大的场合。

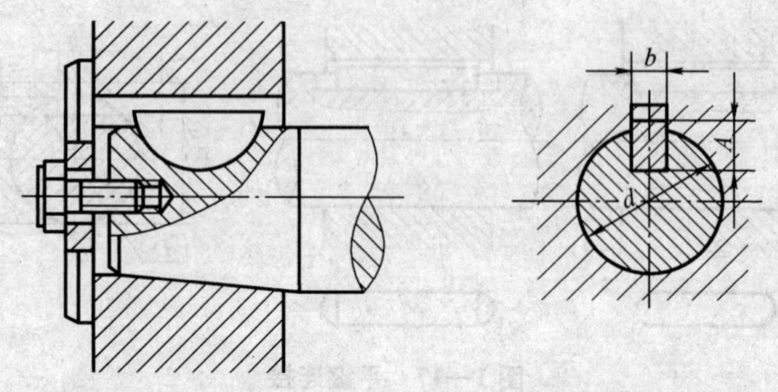

图 1—19　半圆键连接

（2）销连接

销连接用来固定零件间的相互位置，构成可拆连接，也可用于轴和轮毂或其他零件的连接，以传递较小的载荷，有时还用作安全装置中的过载剪切元件。

销是标准件，其基本形式有圆柱销和圆锥销两种。圆柱销连接不宜经常装拆，否则，会降低定位精度或连接的紧固性，如图 1—20 所示。

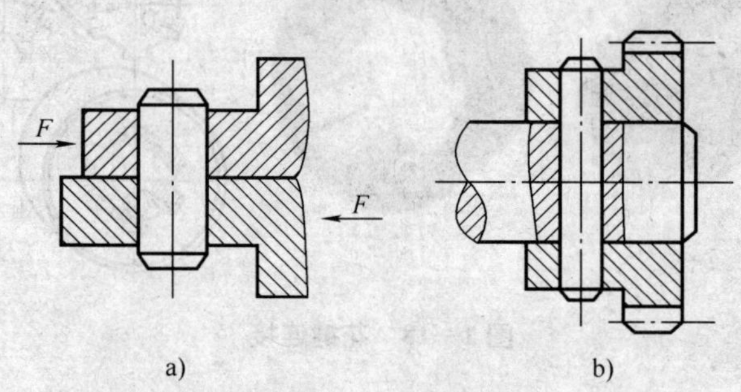

图 1—20　圆柱销

圆锥销有 1∶50 的锥度，小头直径为标准值。圆锥销易于安装，定位精度高于圆柱销，如图 1—21 所示。圆柱销和圆锥销的销孔均需铰制。铰制的圆柱销孔直径有四种不同配合精度，可根据使用要求选择。

销的类型按工作要求选择。用于连接的销，可根据连接结构的特点按经验确定直径，必要时再做强度校核；定位销一般不承受载荷或承受很小的载荷，其直径按结构确定，数量不得少于两个；安全销直径按销的剪切强度进行计算。

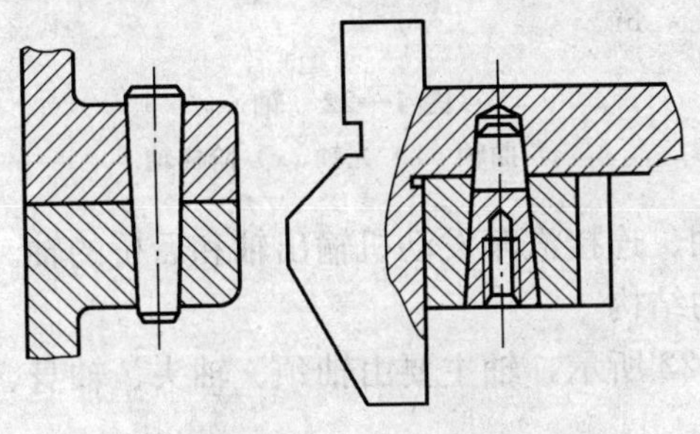

图 1—21　圆锥销

2. 轴

轴是组成机器的重要零件之一，一切作旋转运动的传动零件都必须安装在轴上，才能实现旋转和动力传递。

（1）轴的分类和应用特点

1）按照轴的轴线形状不同，可以把轴分为曲轴（见图 1—22a）和直轴（见图 1—22b、c）两大类。曲轴可以实现旋转运动与直线往复运动的转换。直轴应用较为广泛，按照其外形不同，可分为光轴（见图 1—22b）和阶梯轴（见图 1—22c）两种。

2）按照轴的所受载荷不同，可将轴分为心轴、转轴和传动轴三类。

①心轴。通常指只承受弯矩而不承受转矩的轴，如自行车前轴。

②转轴。既承受弯矩又承受转矩的轴，转轴常用在各种机器中。

③传动轴。只承受转矩不承受弯矩或承受很小弯矩的轴，如

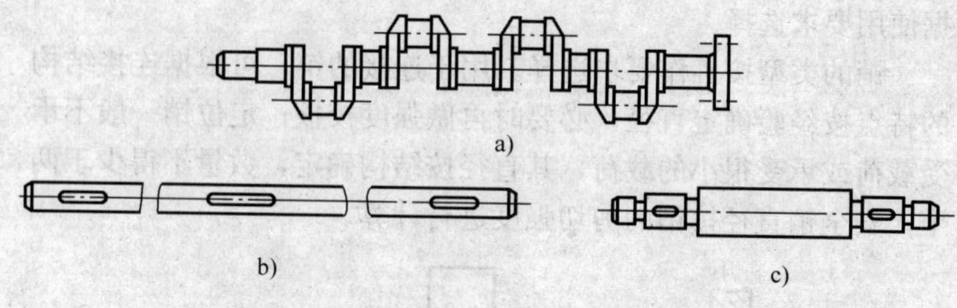

图 1—22　轴

a）曲轴　b）光轴　c）阶梯轴

车床上的光轴、连接汽车发动机输出轴和后桥的轴。

（2）轴的结构

如图 1—23 所示，轴主要由轴颈、轴头、轴身、轴肩、轴环等构成。

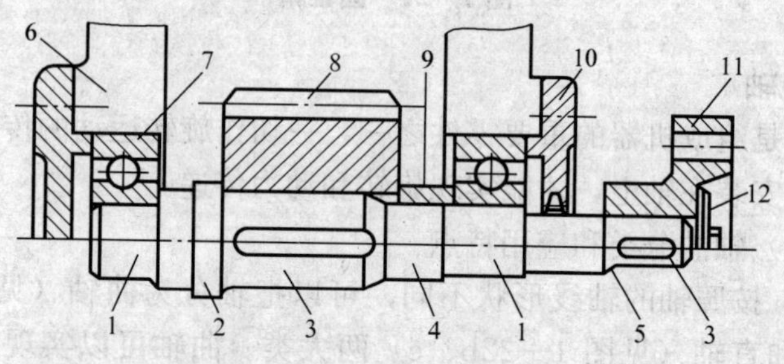

图 1—23　轴的结构

1—轴颈　2—轴环　3—轴头　4—轴身　5—轴肩

6—轴承座　7—滚动轴承　8—齿轮

9—套筒　10—轴承盖　11—联轴器　12—轴端挡圈

1）轴颈。是指与轴承配合的轴段。轴颈的直径应符合轴承的内径。

2）轴头。是指支撑传动零件的轴段。轴头的直径必须与相配合零件的轮毂内径一致，并符合轴的标准直径。

3）轴身。是指连接轴颈和轴头的轴段。

4）轴肩和轴环。是阶梯轴上截面变化之处。

3. 轴承

轴承是机器中用来支撑轴和轴上零件的一种重要部件，用以保证轴的旋转精度、减小转动时的摩擦和磨损。根据工作时摩擦性质不同，轴承可分为滑动轴承和滚动轴承；按所受载荷方向不同，可分为向心轴承、推力轴承和向心推力轴承。

（1）滑动轴承

滑动轴承一般由轴承座、轴瓦等部分组成，如图 1—24 所示。根据轴承所受载荷方向不同，可分为向心滑动轴承、推力滑动轴承和向心推力滑动轴承。

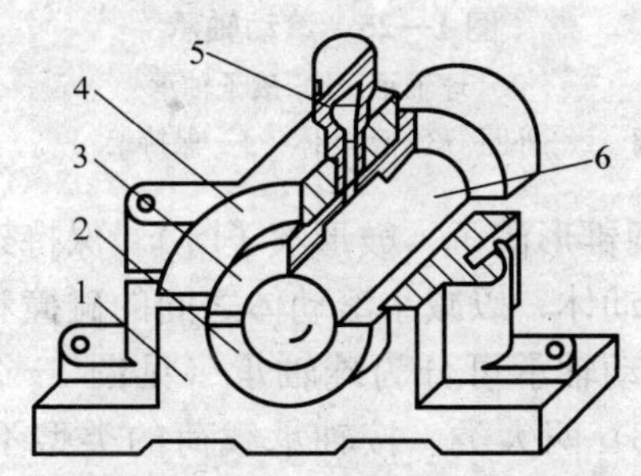

图 1—24　滑动轴承

1—轴承座　2、3—轴瓦　4—轴承盖

5—润滑装置　6—轴颈

（2）滚动轴承

滚动轴承具有摩擦力矩小，易启动，载荷、转速及工作温度的适用范围较广，轴向尺寸小，润滑维修方便等优点。滚动轴承是各种机器中普遍使用的部件，其尺寸已标准化。

滚动轴承由内圈 1、外圈 2、滚动体 3 和保持架 4 组成，如图 1—25 所示。一般，内圈装在轴颈上，外圈装在轴承座孔内。内、外圈上设置有滚道，当内、外圈相对旋转时，滚动体沿着滚道滚动。滚动体是滚动轴承的主体，常见形状有球形和滚子形

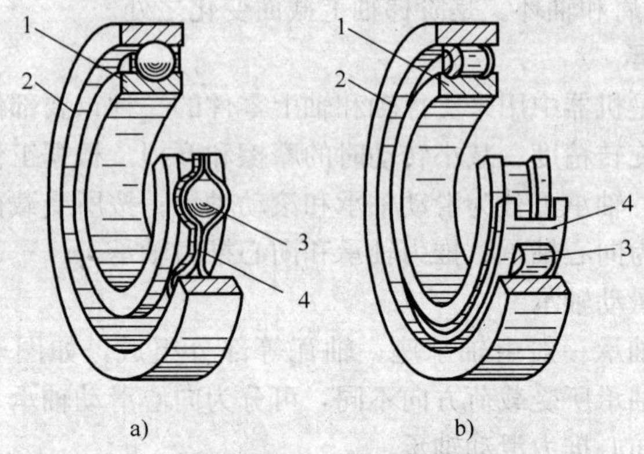

图 1—25　滚动轴承

a）球轴承　b）滚子轴承

1—内圈　2—外圈　3—滚动体　4—保持架

(圆柱形滚子、圆锥形滚子、鼓形滚子等)。保持架的作用是分隔开两个相邻的滚动体，以减小滚动体之间的碰撞和磨损。按滚动体形状不同，滚动轴承可分为球轴承（见图 1—25a）和滚子轴承（见图 1—25b）两大类。按轴承载荷的类型不同，可分为三大类，主要承受径向载荷的轴承称为向心轴承，只能承受轴向载荷的轴承称为推力轴承，能同时承受径向和轴向载荷的轴承称为向心推力轴承。

1）滚动轴承与滑动轴承相比，具有以下优点：

①滚动轴承的摩擦阻力小，因此功率损耗小，机械效率高，发热少，不需要大量的润滑油来散热，易于维护和启动。

②常用的滚动轴承已标准化，可直接选用，而滑动轴承一般均需自制。

③对于同样尺寸的轴颈，滚动轴承的宽度比滑动轴承小，可使机器的轴向结构紧凑。

④有些滚动轴承可同时承受径向和轴向两种载荷，这就简化了轴承的组合结构。

⑤滚动轴承不需采用有色金属，对轴的材料和热处理要求不高。

2）滚动轴承的缺点主要有：

①承受冲击载荷的能力较差。

②运转不够平稳，有轻微的振动。

③不能剖分装配，只能轴向整体装配。

④径向尺寸比滑动轴承大。

4. 联轴器

联轴器用于轴与轴之间的连接，使之共同回转并传递运动及转矩，按性能可分为刚性联轴器和弹性联轴器两类。

（1）刚性联轴器

刚性联轴器通过若干刚性零件将两轴连接在一起，可分为固定式（见图 1—26）和可移式（见图 1—27）两种。固定式刚性联轴器虽然不具有补偿性能，但有结构简单、制造容易、不需维护、成本低等特点。可移式刚性联轴器具有补偿两轴相对位移的性能。

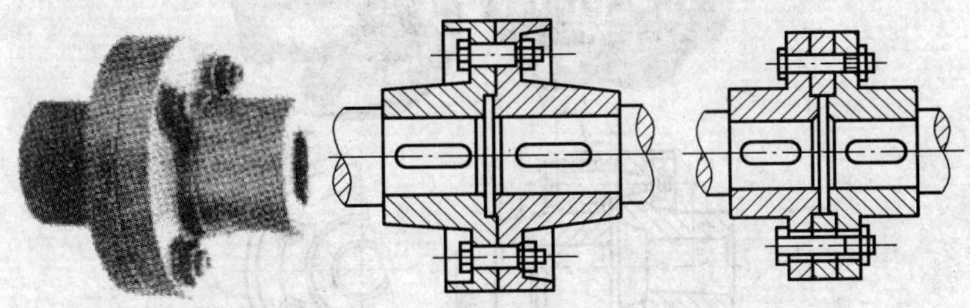

图 1—26　固定式刚性联轴器

（2）弹性联轴器

弹性联轴器种类繁多，具有缓冲吸振，可补偿较大的轴向位移、微量的径向位移和角位移等特点，常用于正反向变化多、启动频繁的高速轴上。常见的弹性联轴器如图 1—28 所示。

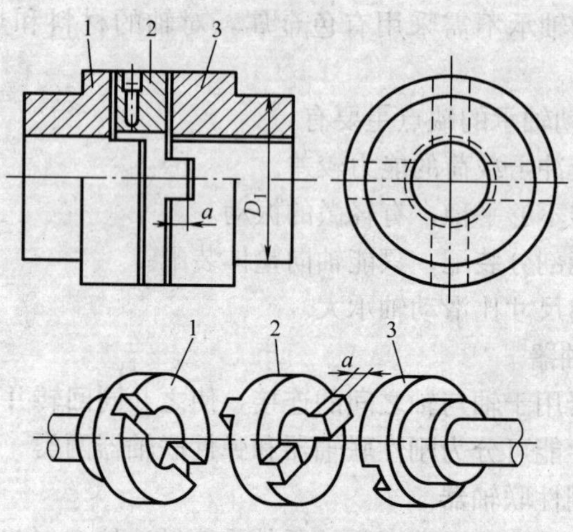

图 1—27　可移式刚性联轴器

1、3—半联轴器　2—滑块

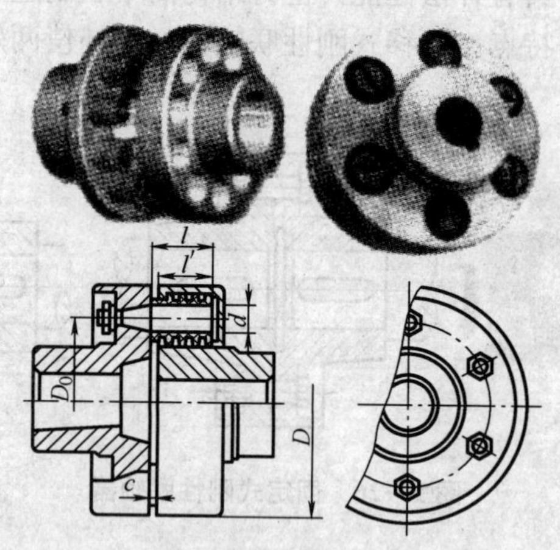

图 1—28　弹性联轴器

5. 制动器

制动器是用于机构或机器使其减速或停止的装置，是各类起重机械不可缺少的组成部分之一，它既是起重机的控制装置，又是安全装置。其工作原理为：制动器摩擦副中的一组与固定机架相连，另一组与机构转动轴相连，当摩擦副接触压紧时，产生制动作用；当摩擦副分离时，制动作用解除，机构运动。

（1）制动器的分类

1）根据构造不同，制动器可分为以下三类：

①带式制动器。制动钢带在径向环抱制动轮而产生制动力矩。

②块式制动器。两个对称布置的制动瓦块，在径向抱紧制动轮而产生制动力矩。

③盘式与锥式制动器。带有摩擦衬料的盘式和锥式金属盘，在轴向互相贴紧而产生制动力矩。

2）按工作状态不同，制动器一般可分为常开式制动器和常闭式制动器。

①常开式制动器。制动器平常处于松开状态，需要制动时通过机械或液压机构来完成。塔式起重机的回转机构采用常开式制动器。

②常闭式制动器。在机构处于非工作状态时，制动器处于闭合状态；在机构工作时，操纵机构先行自动松开制动器。塔式起重机的起升和变幅机构均采用常闭式制动器。

建筑机械中最常用的是液压推杆制动器和电磁制动器，如图1—29、图1—30所示。无论是液压推杆制动器还是电磁制动器，其原理基本接近，均采用上闸弹簧，而液压推杆制动器的松闸装置则布置在制动器的旁侧，通过杠杆系统与制动臂联系而实现松闸。

（2）制动器的报废

制动器的零件有下列情况之一时，应予报废。

1）可见裂纹。

2）弹簧出现塑性变形。

3）制动轮表面磨损量达1.5～2 mm。

4）制动块摩擦衬垫磨损量达原厚度的50%。

5）电磁杠杆系统空行程超过其额定行程的10%。

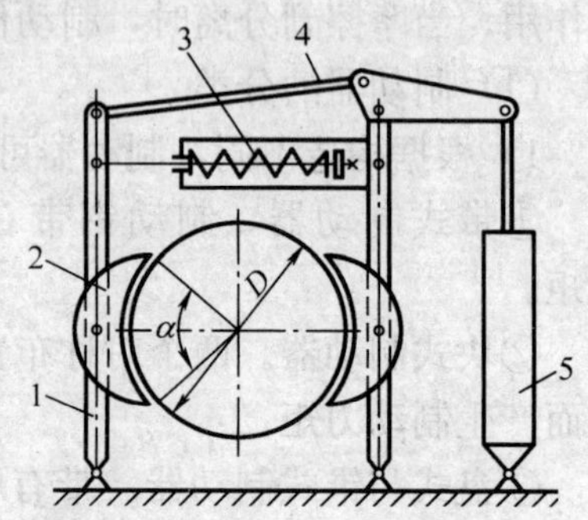

图1—29　液压推杆制动器

1—制动臂　2—制动瓦块　3—上闸弹簧　4—杠杆　5—液压电磁推杆松闸器

图1—30　电磁制动器

第四节　液压传动基础知识

一、液压传动的基本原理及其组成

1. 液压传动的基本原理

液压系统利用液压泵将原动机的机械能转换为液体的压力

能，通过液体压力能的变化来传递能量，经过各种控制阀和管路的传递，借助于液压执行元件（即液压缸或液压马达），将液体压力能转换为机械能，从而驱动工作机构，实现直线往复运动或回转运动。液压系统中的液体称为工作介质，一般为矿物油，其作用和机械传动中的带、链条和齿轮等传动元件相类似。

2. 液压系统的组成

（1）动力元件

动力元件供给液压系统压力，并将原动机输出的机械能转换为油液的压力能，从而推动整个液压系统工作。最常用的是液压泵，它给液压系统提供压力。

（2）执行元件

执行元件是将液压能转换成机械能的装置，用以驱动工作部件运动。最常用的是液压缸或液压马达。

（3）控制元件

控制元件包括各种阀类，如压力阀、流量阀和方向阀等，用来控制液压系统的液体压力、流量、流速和方向，以保证执行元件完成预期的动作。

（4）辅助元件

辅助元件指各种管接头、油管、油箱、过滤器和压力计等，起连接、储油、过滤和测量油压等辅助作用，以保证液压系统可靠、稳定、持久地工作。

（5）工作介质

工作介质是指在液压系统中承受压力并传递压力的油液，一般为矿物油，统称为液压油。

二、液压系统的主要元件

1. 液压泵

液压泵是液压系统中的动力元件，一般有齿轮泵、叶片泵和柱塞泵等。其中，柱塞泵是靠柱塞在液压缸中往复运动造成容积变化来完成吸油与压油的。轴向柱塞泵是柱塞中心线平行于缸体轴线的一种泵，有斜盘式和斜轴式两类。斜盘式的缸体与传动轴在同一轴线上，斜盘与传动轴成一倾斜角，可以缸体转动，也可以斜盘转动，如图 1—31a 所示。斜轴式的缸体相对传动轴轴线成一倾斜角。轴向柱塞泵具有结构紧凑、径向尺寸小、惯性小、容积效率高、压力高等优点，然而轴向尺寸大，结构也比较复杂，如图 1—31b 所示。轴向柱塞泵在高工作压力的设备中应用很广。

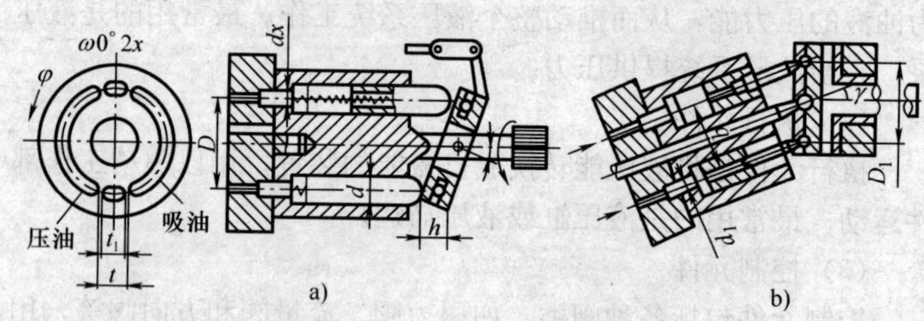

图 1—31　轴向柱塞泵

a）斜盘式　b）斜轴式

2. 液压缸

液压缸是液压系统中的执行元件，一般用于实现直线往复运动或摆动，将液压能转换为机械能。

3. 液压马达

液压马达也是将压力能转换成机械能的转换装置。与液压缸不同的是，液压马达以转动的形式输出机械能。液压马达有齿轮式、叶片式和柱塞式等类型。

从原理上讲，液压马达和液压泵是可逆的。当电动机带动其转动时，由其输出压力能（压力和流量），即为液压泵；反之，当压力油输入其中，由其输出机械能（转矩和转速）时，即为液压马达。

4. 控制元件

（1）双向液压锁

双向液压锁是一种防止过载和液力冲击的安全阀，安装在液压缸上端，如图 1—32 所示。液压锁的主要作用是当油管破损等原因导致系统压力急速下降时锁定液压缸，防止发生事故。双向液压锁广泛应用于工程机械及各种液压装置的保压油路中。

图 1—32　双向液压锁

（2）溢流阀

溢流阀是一种压力控制阀，通过阀口的溢流，使被控制系统压力保持恒定，实现稳压、调压或限压作用。它依靠弹簧力和油液压力的平衡来实现液压泵供油压力的调节。

（3）减压阀

减压阀是一种利用液流流过缝隙产生压降的原理，使出口油压低于进口油压的压力控制阀，以满足执行机构的需要。减压阀有直动式和先导式（见图 1—33）两种，一般常采用先导式。

（4）顺序阀

顺序阀用来控制液压系统中两个或两个以上工作机构的工作顺序。顺序阀串联于油路上，它是利用系统中的压力变化来控制油路通断的。顺序阀分为直动式和先导式，常采用直动式，如图 1—34 所示。顺序阀又可分为内控式和外控式，压力也有高压和低压之分。

图 1—33　先导式减压阀

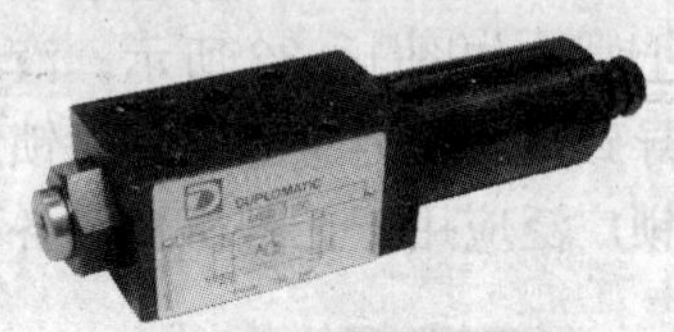

图 1—34　直动式顺序阀

（5）换向阀

换向阀是借助于阀芯与阀体之间的相对运动来改变油液流动方向的阀类。按阀芯相对于阀体的运动方式不同，换向阀可分为滑阀（阀芯移动）和转阀（阀芯转动）。按阀体连通的主要油路数不同，可分为二通、三通、四通等。按阀芯在阀体内的工作位置数不同，可分为二位、三位、四位等。按操作方式不同，可分为手动、机动、电磁、液动、电液动等，如图 1—35 所示。换向阀阀芯定位方式分为钢球定位和弹簧定位两种。

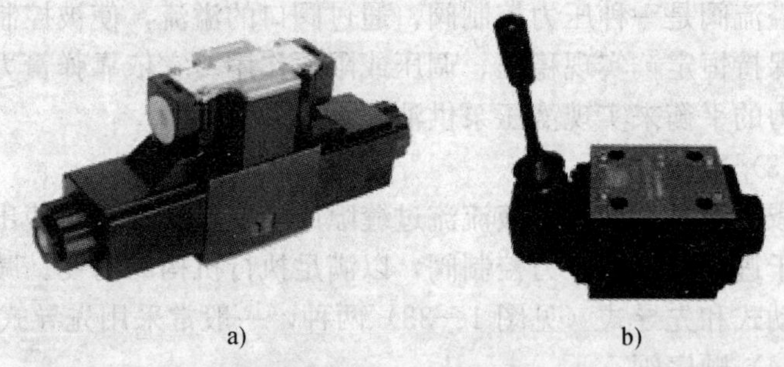

a)　　b)

图 1—35　换向阀

a）电磁式换向阀　b）手动式换向阀

以三位四通阀为例，工作原理如下：

如图 1—36 所示，三位四通阀的阀芯有三个工作位置左、中、右，称为三位；阀体上有四个通路 O、A、B、P，称为四通。P 为进油口，O 为回油口，A、B 为通往执行元件两端的油口。当阀芯处于中位时（见图 1—36a），各通道均堵住，液压缸两腔既不能进油，又不能回油，此时活塞锁住不动。当阀芯处于右位时（见图 1—39b），压力油从 P 口流入，A 口流出；回油从 B 口流入，从 O 口流回油箱。当阀芯处于左位时（见图 1—39c），压力油从 P 口流入，B 口流出；回油由 A 口流入，从 O 口流回油箱。图 1—36d 为三位四通阀的图形符号。

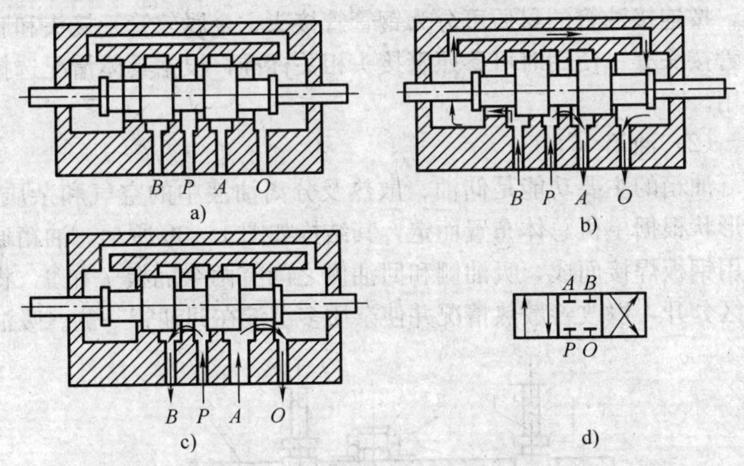

图 1—36　三位四通阀工作原理图

a）阀芯处于中位　b）阀芯移于右位　c）阀芯移于左位　d）图形符号

（6）流量控制阀

流量控制阀是通过改变液流的通流截面来控制系统工作流量，以改变执行元件运动速度的阀，简称流量阀。常用的流量阀有节流阀（见图 1—37）和调速阀等。

图 1—37　节流阀

5. 液压辅件

（1）油管和管接头

1）油管。油管用于连接液压元件和输送液压油。在液压系统中，常用的油管有钢管、铜管、塑料管、尼龙管和橡胶软管等，可根据具体用途进行选择。

2）管接头。管接头用于油管与油管、油管与液压元件之间的连接。管接头按通路数可分为直通、直角、三通等形式，按接头连接方式可分为焊接式、卡套式、管端扩口式和扣压式等形式，按连接油管的材质可分为钢管管接头、金属软管管接头和胶管管接头等。使用时可参照管接头相关标准，根据具体情况选择使用。

（2）油箱

油箱的主要功能是储油、散热及分离油液中的空气和杂质。其形状根据主机总体布置而定，其结构如图 1—38 所示。油箱通常用钢板焊接而成，吸油侧和回油侧之间有两个隔板 7 和 9，将两区分开，以改善散热情况并使杂质多沉淀在回油管一侧。吸油

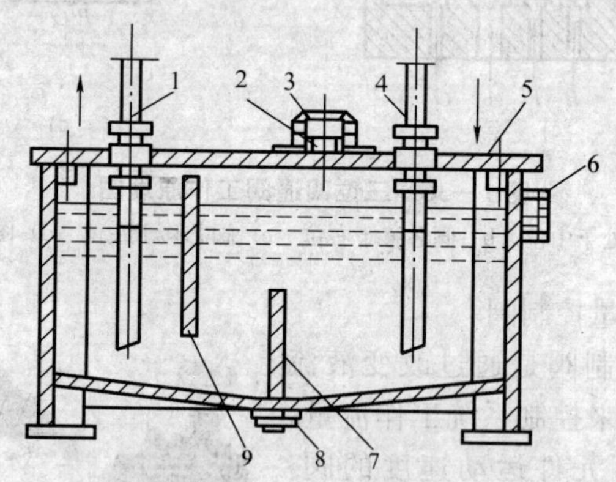

图 1—38　油箱结构示意图

1—吸油管　2—加油孔　3—通气罩　4—回油管　5—箱盖
6—油标　7、9—隔板　8—放油塞

管 1 和回油管 4 应尽量远离，但与箱边的距离应大于管径的三倍。加油用加油孔 2 设在回油管一侧的上部，兼起过滤空气的作用，盖上面装有通气罩 3。为便于放油，油箱底面有适当的斜度，并设有放油塞 8，油箱侧面设有油标 6，用以观察油面高度。当需要彻底清洗油箱时，可将箱盖 5 卸开。

油箱容积主要根据散热要求来确定，同时还必须考虑到机械停止工作时系统油液在自重作用下能全部返回油箱。

（3）滤油器

滤油器的作用是分离液压油中的杂质，使系统中的液压油经常保持清洁，以提高系统工作的可靠性和液压元件的寿命，如图 1—39 所示。滤油器按过滤情况可分为粗滤油器、普通滤油器、精滤油器和特精滤油器，按结构可分为网式、线隙式、烧结式、纸芯式和磁性滤油器等。滤油器可以安装在液压泵的吸油口、出油口以及重要元件的前面。通常情况下，泵的吸油口装粗滤油器，泵的出油口和重要元件前装精滤油器。

液压系统中 80%左右的故障是由污染的油液引起的。因此，液压系统中所用的油液必须经过过滤，并在使用过程中要保持油液清洁。油液一般先经过沉淀，然后再经滤油器过滤。

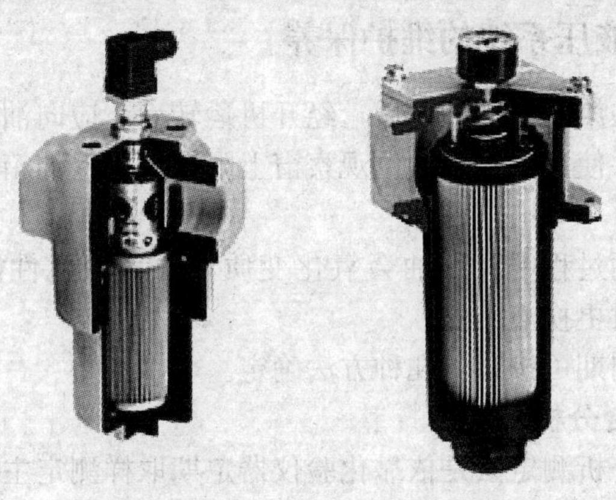

图 1—39　滤油器

滤油器的基本要求如下：

1）过滤能力（即一定压降下允许通过滤油器的最大流量）满足设计要求。

2）过滤精度（即滤油器滤芯滤去杂质的粒度大小）满足设计要求。

3）滤油器应有一定的机械强度，不会因液压力作用而破坏。

4）滤芯抗腐蚀能力强，并能在一定的温度范围内持久工作。

5）滤芯应便于清洗和更换，便于装拆和维护。

三、液压油

液压油是液压系统的工作介质，也是液压元件的润滑剂和冷却剂。液压油的性质对液压传动性能有明显的影响。因此，在选用液压油时应注意液压油的黏度随温度变化的性能、抗磨损性、抗剪切安定性、抗氧化安定性、抗乳化性、抗泡沫性、抗燃性、抗橡胶溶胀性、防锈性等。

液压油的性质不同，其价格也相差很大。在选择液压油时，应根据设备说明书的规定并结合使用环境选用合适的液压油，既要适用又不能浪费。

四、液压系统的维护保养

油箱在第一次加满油后，经开机运转后，应向油箱内进行二次加油，并使液压油至油位观察窗上限，以确保油箱内有足够的油液循环。

在使用过程中液压油会氧化变质，各种理化性能下降。因此，应及时更换液压油。

换油周期可按以下几种方法确定。

1. 综合分析测定法

综合分析测定法是依靠化验仪器定期取样测定主要理化性能指标，连续监控油的变质状况。

2. 固定周期换油法

固定周期换油法是指按液压系统累计运转小时数换油，通常按使用说明书要求的周期进行更换。

3. 经验判断法

经验判断法是通过采集油样与新油相比较，进行外观检查，观看油液有无颜色、水分、沉淀、泡沫、异味、黏度等差异，综合各类情况可作出如下判断与处理：

（1）当液压油变成乳白色，或发现混入空气或水时，应分离水与气或换油。

（2）当液压油中有小黑点，或发现混入杂质、金属粉末时，应过滤或换油。

（3）当液压油变成黑褐色，或有臭味、氧化变质时，应全部换油。

第五节　钢结构基础知识

一、钢结构的特点

钢结构是由钢板、热轧型钢、薄壁型钢和钢管等构件通过焊接、铆接和螺纹连接、销轴连接等形式连接而成的能承受和传递载荷的结构形式，是建筑起重机械的重要组成部分。钢结构与其他结构相比，具有下列特点。

1. 坚固耐用、安全可靠

钢结构具有足够的强度、刚度和稳定性，以及良好的力学性能。

2. 自重小、结构轻巧

钢结构具有体积小、厚度薄、质量轻的特点，便于运输和拆装。

3. 材质均匀

钢材内部组织比较均匀，力学性能接近各向同性，计算结果比较可靠。

4. 韧性较好

钢结构适于在动力载荷下工作。

5. 易加工

钢结构所用材料以型钢和钢板为主，加工制作方便，精度比较高。

但钢结构与其他结构相比，存在抗腐蚀性能和耐火性能较差、在低温条件下易发生脆性断裂等缺点。

二、钢结构的材料

1. 钢结构材料性能要求

钢结构所使用的钢材应具有较高的强度，塑性、韧性和耐久性好，焊接性能优良，易于加工制造，抗锈性好。

2. 钢结构材料选用

钢结构所采用的材料一般为Q235、Q345。

（1）普通碳素钢（Q235系列）

强度、塑性、韧性及焊接性能都比较好，是建筑起重机械使用的主要钢材。

（2）低合金钢（Q345系列）

低合金钢是在普通碳素钢中加入少量合金元素炼成的。其力学性能好，强度高，对低温的敏感性不高，耐腐蚀性能较强，焊接性能也好，用于受力较大的结构中可节省钢材、减轻结构自重。

3. 钢材的规格

钢板和型钢是制造钢结构的主要钢材。钢材有热轧成形及冷轧成形两类。热轧成形的钢材主要有型钢及钢板，冷轧成形的钢材有薄壁型钢及钢管。

按照国家标准规定，型钢和钢板均具有相关的断面形状和尺寸要求。

（1）热轧钢板

1）薄钢板，厚 0.35～4.0 mm，宽 500～1 500 mm，长 1～6 m。

2）厚钢板，厚 4.5～60 mm，宽 600～3 000 mm，长 4～12 m。

3）扁钢，厚 4.0～60 mm，宽 12～200 mm，长 3～9 m。

4）花纹钢板，厚 2.5～8 mm，宽 600～1 800 mm，长 4～12 m。

（2）角钢

角钢分为等边角钢与不等边角钢两种。角钢是以其边宽来编号的，例如，10 号角钢的两个边宽均为 100 mm，10/8 号角钢的边宽分别为 100 mm 及 80 mm。同一号码的角钢厚度可以不同，我国生产的角钢长度一般为 4～19 m。

（3）槽钢

槽钢分为普通槽钢和普通低合金轻型槽钢，其型号以截面高度（cm）表示，例如，20 号槽钢的断面高度均为 20 cm。我国生产的槽钢长度一般为 5～19 m，最大型号为 40 号。

（4）工字钢

工字钢分为普通工字钢和普通低合金工字钢。因其腹板厚度不同，可分为 a、b、c 三类，型号也是用截面高度（cm）来表示的。我国生产的工字钢长度一般为 5～19 m，最大型号为 63 号。

（5）H 型钢

H 型钢规格以高度（mm）×宽度（mm）表示，目前生产的 H 型钢规格为 100 mm×100 mm～800 mm×300 mm，或宽翼 427 mm×400 mm，厚度（指腹板厚度）为 6～20 mm，长度为 6～18 m。

（6）冷弯薄壁型钢

冷弯薄壁型钢是用冷轧钢板、钢带或其他轻合金材料在常温下经模压或弯制冷加工而成的。用冷弯薄壁型钢制成的钢结构质量轻、材料省、截面尺寸可以自行设计，目前在轻型建筑结构中已得到应用。

（7）钢管

钢管规格以外径表示，我国生产的无缝钢管外径为 38～325 mm，壁厚为 4～40 mm，长度为 4～12.5 m。

三、钢材的特性

1. 在单向应力下的钢材的塑性

钢材的主要强度指标和多项性能指标是通过单向拉伸试验获得的。试验一般是在标准条件下进行的，即采用符合国家标准规定形式和尺寸的标准试件，在室温 20℃左右，按规定的加载速度在拉力试验机上进行。

如图 1—40 所示为低碳钢的一次拉伸应力—应变曲线。钢材具有明显的弹性阶段、弹塑性阶段、塑性阶段及应变硬化阶段。

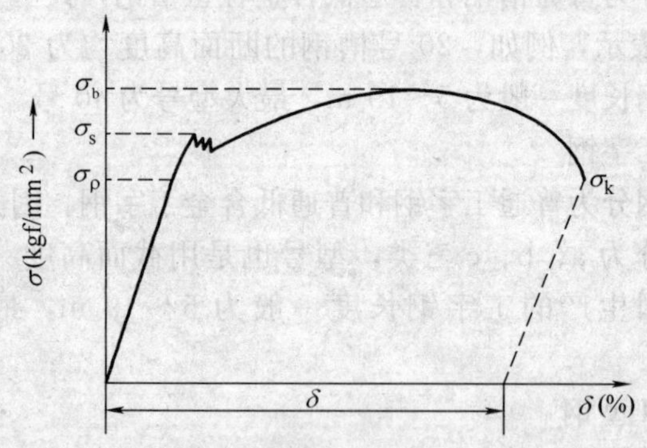

图 1—40　低碳钢的一次拉伸应力—应变曲线

在弹性阶段，钢材的应力与应变成正比，服从胡克定律。这时的变形属弹性变形。当应力释放后，钢材能够恢复原状。弹性阶段是钢材工作的主要阶段。

在弹塑性阶段、塑性阶段，应力不再上升而变形发展得很快。当应力释放之后，将遗留不能恢复的变形。这种变形属弹塑性、塑性变形。这种过大的永久变形虽不是结构的真正破坏，但却使它丧失正常工作能力。因此，在建筑机械的结构计算中，把屈服点 σ_s 近似地看成钢材由弹性变形转入塑性变形的转折点，并将其作为钢结构容许达到的极限应力。对于受拉杆件，只允许在 σ_s 以下的范围内工作。

在应变硬化阶段，当继续加载时，钢材的强度又有显著提高，塑性变形也显著增大（应力与应变已不服从胡克定律），随后将会发生破坏，钢材真正破坏时的强度为抗拉强度 σ_b。

由此可见，从达到屈服点到破坏，钢材仍有着较大的强度储备，从而增加了结构的可靠性。

钢材在发展到很大的塑性变形之后才出现的破坏，称为塑性破坏。结构在简单的拉伸、弯曲、剪切和扭转的情况下工作时，通常是先发生塑性变形，而后才导致破坏。由于钢材达到塑性破坏时的变形比弹性变形大得多，因此，在一般情况下钢结构产生塑性破坏的可能性不大。即便出现这种情形，也易察觉，能对结构及时采取补强措施。

2. 钢材的脆性

脆性破坏的特征是在破坏之前钢材的塑性变形很不明显，有时甚至在应力小于屈服点的情况下突然发生，这种破坏形式对结构的危害比较大。影响钢材脆断的因素是多方面的，如低温、应力集中、加工硬化、焊接等。

（1）低温的影响

当到达某一低温后，钢材就处于脆性状态，冲击韧性很不稳定。钢种不同，冷脆温度也不同。

（2）应力集中的影响

如钢材存在气孔、裂纹、夹杂等缺陷，或者结构具有孔洞、开槽、凹角、厚度变化，以及制造过程中带来的损伤，都会导致材料截面中的应力不再保持均匀分布，在这些缺陷、孔槽或损伤处，将产生局部的高峰应力，形成应力集中。

（3）加工硬化（残余应力）的影响

钢材经过了弯曲、冷压、冲孔、剪裁等加工之后，会产生局部或整体硬化，降低塑性和韧性，加速时效脆化，这种现象称加工硬化或冷作硬化。

热轧型钢的冷却过程中，在截面突变处，如尖角、边缘及薄细部位率先冷却，其他部位随后冷却，先冷却部位约束后冷却部位的自由收缩，产生复杂的热轧残余应力分布。不同形状和尺寸规格的型钢残余应力分布不同。

（4）焊接的影响

钢结构的脆性破坏在焊接结构中常常发生。焊接引起钢材变脆的原因是多方面的，其中主要是焊接温度的影响。由于焊接时焊缝附近的温度很高，在热影响区域，经过高温和冷却过程，使钢材的组织构造和力学性能发生变化，促使钢材脆化。钢材经过气割或焊接后，由于不均匀的加热和冷却，将引起残余应力。残余应力是自相平衡的应力，退火处理后可部分甚至全部消除。

3. 钢材的疲劳破坏

钢材在连续反复载荷作用下，虽然应力还低于抗拉强度甚至低于屈服点，也会发生破坏，这种破坏属疲劳破坏。

疲劳破坏属于一种脆性破坏。疲劳破坏时所能达到的最大应力，将随载荷重复次数的增加而降低。钢材的疲劳强度通过疲劳试验来确定，各类起重机都有其规定的载荷疲劳循环次数，在反复循环载荷作用下不发生破坏的最大应力值为其疲劳强度。

影响钢材疲劳强度的因素相当复杂，它与钢材种类、应力变化幅度、结构的连接和构造情况等有关。建筑机械的钢结构多承受动力载荷，对于重级以及个别中级工作类型的机械，须考虑疲劳的影响，并作疲劳强度的计算。

四、钢结构的连接

钢结构通常是由多个杆件以一定的方式相互连接而组成的。常用的连接方法有焊接连接、螺栓连接与铆接连接等。

1. 焊接连接

焊接连接广泛应用于钢结构构件的组合，如施工升降机的吊笼、导轨架，高处作业吊篮的吊篮作业平台、悬挂机构，整体附着升降脚手架的竖向主框架、水平承力桁架等钢结构构件，都采用焊接连接成为一个整体性的部件。焊接连接也用于长期或永久性的固结，如钢结构的建筑物，也可用于临时单件结构的定位。

如图 1—41 所示，钢结构的焊接形式主要有角焊缝、对接焊缝、卷边焊缝及塞焊缝等。

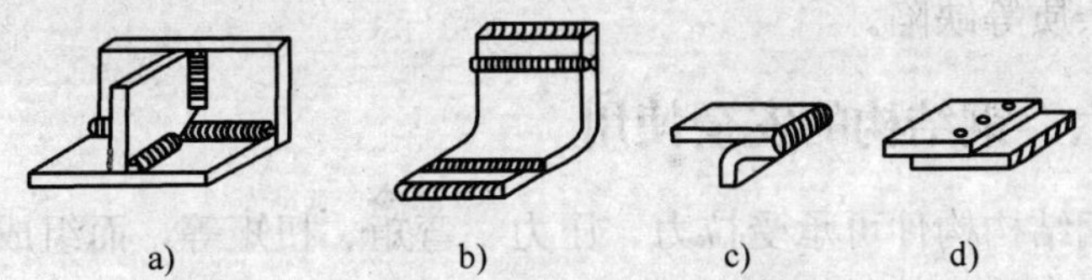

图 1—41　钢结构的焊接形式

a）角焊缝　b）对接焊缝　c）卷边焊缝　d）塞焊缝

2. 螺栓连接

螺栓连接广泛应用于可拆卸连接，螺栓连接主要有普通螺栓连接与高强度螺栓连接两种。

（1）普通螺栓连接

普通螺栓连接分为精制螺栓（A 级与 B 级）连接和粗制螺栓（C 级）连接。

普通螺栓材质一般采用 Q235 钢，强度等级为 3. 6～6. 8 级，直径为 3～64 mm。

（2）高强度螺栓连接

高强度螺栓按强度可分为 8.8 级、9.8 级、10.9 级和 12.9 级 4 个等级，扭剪型高强度螺栓强度仅 10.9 级，直径一般为 12～42 mm，按受力状态可分为抗剪螺栓和抗拉螺栓。

3. 铆接连接

铆接连接因制造费工费时、用料较多及结构质量较大，现已很少采用。只有在钢材的焊接性能较差时，或在主要承受动力载荷的重型结构中才采用，如桥梁、吊车梁等。建筑机械的钢结构一般不用铆接连接。

五、焊缝表面质量检查

焊缝外形尺寸如焊缝长度、高度等应满足设计要求，对重要焊接部位可采用磁粉探伤、超声波探伤或 X 射线探伤判断焊缝质量。一般，外观质量检查要求焊缝饱满、连续、平滑，无缩孔、杂质等缺陷。

六、钢结构的安全使用

钢结构构件可承受拉力、压力、弯矩、扭矩等，而组成钢结构的基本构件是轴心受力构件，包括轴心受拉构件和轴心受压构件。

要确保钢结构的安全使用，应做好以下几点：

（1）在允许的载荷及规定的作业条件下使用。

（2）组成钢结构的每个基本构件应完好，不允许存在变形、破坏的现象，一旦有一根基本构件破坏，将会导致钢结构整体的失稳、倒塌，造成事故。

（3）钢结构的连接应正确牢固，由于钢结构由基本构件连接而成，所以有一处连接失效，同样会造成钢结构的整体失稳、倒塌，造成事故。

七、钢结构的应用

随着国民经济的迅速发展以及钢结构自身的特点和结构形式的多样性，其应用范围越来越广，除房屋结构以外，钢结构还可用于下列结构。

1. 塔桅结构

塔桅结构包括电视塔、微波塔、无线电桅杆、导航塔及火箭发射塔等，一般均采用钢结构。

2. 板壳结构

板壳结构包括大型储气柜和储液库等要求密闭的容器、大直径高压输油管和输气管等，高炉的炉壳和轮船的船体等也均采用板壳结构。

3. 桥梁结构

跨度大于 40 m 的各种形式的大、中跨度桥梁，一般也采用钢结构。

4. 可拆卸移动式结构

塔式起重机、施工升降机、物料提升机、高处作业吊篮、附着升降脚手架等起重机械及施工设施中也大量采用钢结构。

第六节　起重吊装基础知识

起重吊装是将所要安装的设备、设施，用起重设备或人工方法吊运至预定安装位置的过程。

起重吊装作业是设备、设施安装、拆卸过程中的一个重要环节。对于不同的设备、设施，在运输和安装过程中，必须使用适当的起重吊装运输机具和采用相应的起重吊装运输方法。

一、吊点的选择

在起重作业中，应当根据被吊物体来选择吊点位置，吊点位置选择不当会造成绳索受力不均，甚至发生被吊物体转动、倾翻的危险。

1. 吊点位置选择的原则

吊点位置的选择一般按下列原则进行：

(1) 吊运各种设备、构件时，要用原设计的吊耳或吊环。

(2) 吊运各种设备、构件时，如果没有吊耳或吊环，可在设备四个端点上捆绑吊索，然后根据设备具体情况选择吊点，使吊点与重心在同一条铅垂线上。有些设备未设吊耳或吊环（如各种罐类以及重要设备），但往往有吊点标记，应仔细检查。

(3) 吊运方形物体时，四根绳应拴在物体四边的对称点上。

(4) 吊装细长物体时，如桩、钢筋、钢柱、钢梁等杆件，应按计算确定的吊点位置绑扎绳索。

2. 吊点位置的确定

吊点位置的确定通常有下列几种情况：

(1) 一个吊点

吊点位置应设在距起吊端 0.3L（L 为物体的长度）处。如钢管长度为 10 m，则吊点位置应设在距钢管起吊端 0.3×10 m=3 m处，如图 1—42a 所示。

(2) 两个吊点

如起吊用两个吊点，则两个吊点应分别距物体两端 0.21L。如果物体长度为 10 m，则吊点位置分别距物体两端 0.21×10 m=2.1 m，如图 1—42b 所示。

(3) 三个吊点

如物体较长，为减小起吊时物体所产生的应力，可采用三个吊点。三个吊点位置确定的方法：首先以 0.13L 确定出两端的两个吊点位置，然后把这两个吊点间的距离等分，即得第三个吊

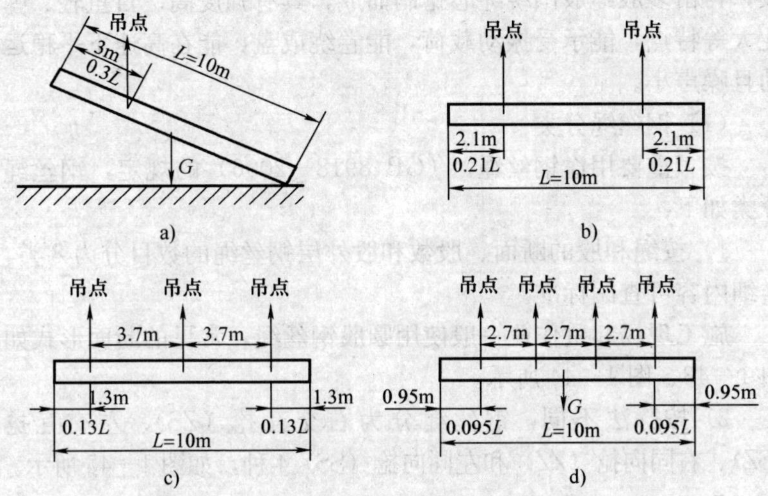

图 1—42　吊点位置选择示意图

a）一个吊点　b）两个吊点　c）三个吊点　d）四个吊点

点的位置，也就是中间吊点的位置。如杆件长 10 m，则两端吊点位置分别距物体两端 0.13×10 m＝1.3 m，中间吊点位置距两端吊点位置（10 m－2×1.3 m）/2＝3.7 m，如图 1—42c 所示。

（4）四个吊点

选择四个吊点，首先以 0.095L 确定出两端的两个吊点位置，然后再把这两个吊点间的距离进行三等分，即得中间两吊点位置。如杆件长 10 m，则两端吊点位置分别距两端 0.095×10 m＝0.95 m，中间两吊点位置分别距两端吊点位置（10 m－0.95 m×2）/3＝2.7 m，如图 1—42d 所示。

二、常用起重索具

1. 钢丝绳

钢丝绳是起重作业中必备的重要部件，广泛用于捆绑物体以及起重机的起升、牵引、缆风等。钢丝绳通常由多根钢丝捻成绳股，再由多股绳股围绕绳芯捻制而成，具有强度高、自重轻、弹性大等特点，能承受振动载荷，能卷绕成盘，能在高速下平稳运动且噪声小。

（1）钢丝绳分类

按《重要用途钢丝绳》（GB 8918—2006）的规定，钢丝绳分类如下：

1）按绳和股的断面、股数和股外层钢丝绳的数目分为 8 类，详细内容可查阅标准。

施工现场起重作业一般使用圆股钢丝绳，常见的断面形式如图 1—43、图 1—44 所示。

2）按捻法不同，钢丝绳分为右交互捻（ZS）、左交互捻（SZ）、右同向捻（ZZ）和左同向捻（SS）4 种，如图 1—45 所示。

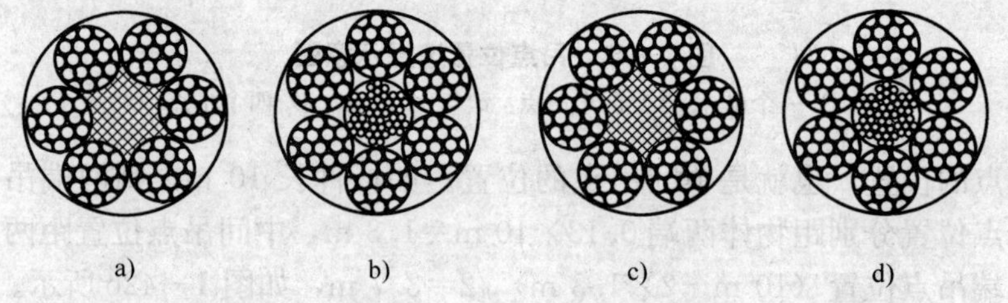

a)　b)　c)　d)

图 1—43　6×19 钢丝绳断面图

a）6×19S+FC　b）6×19S+IWR　c）6×19W+FC　d）6×19W+WR

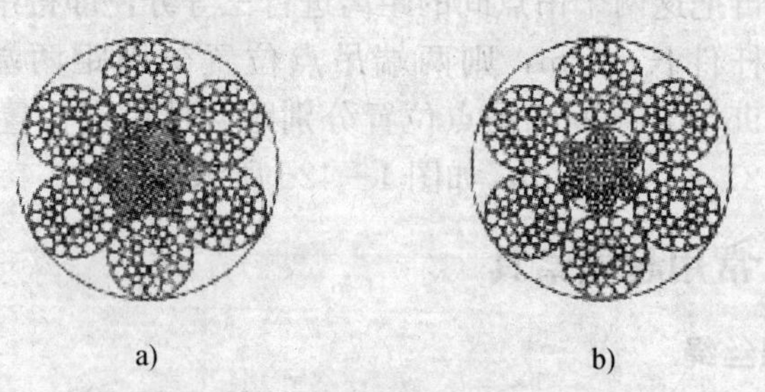

a)　b)

图 1—44　6×37S 钢丝绳断面图

a）6×37S+FC　b）6×37S+IWR

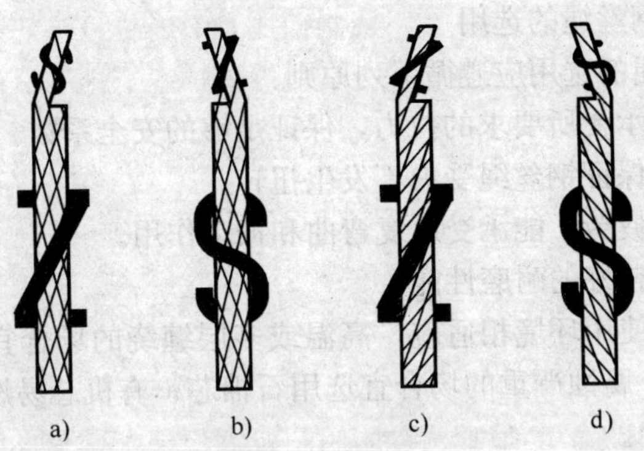

图 1—45　钢丝绳按捻法分类

a）右交互捻　b）左交互捻　c）右同向捻　d）左同向捻

3）按绳芯不同，钢丝绳分为纤维芯和金属芯。纤维芯钢丝绳比较柔软，易弯曲，纤维芯可浸油以润滑、防锈，减小钢丝间的摩擦；金属芯钢丝绳耐高温，耐重压，硬度大，不易弯曲。

（2）标记

根据《钢丝绳术语、标记和分类》（GB/T 8706—2006），钢丝绳的标记格式如图 1—46 所示。

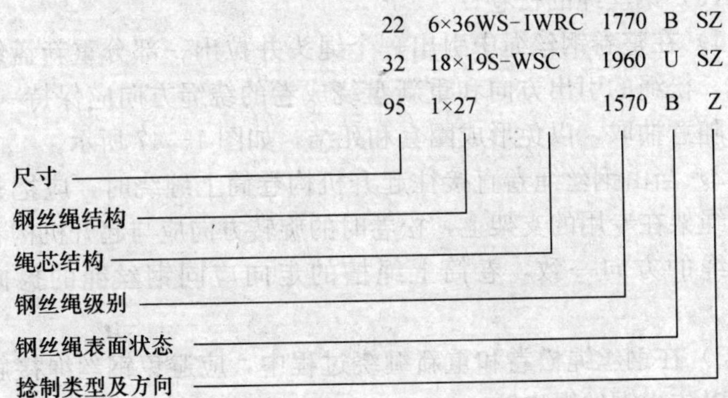

图 1—46　钢丝绳的标记格式

（3）钢丝绳的选用

钢丝绳的选用应遵循下列原则：

1）能承受所要求的拉力，保证足够的安全系数。

2）能保证钢丝绳受力不发生扭转。

3）耐疲劳，能承受反复弯曲和振动作用。

4）有较好的耐磨性能。

5）与使用环境相适应，高温或多层缠绕的场合宜选用金属芯；高温、腐蚀严重的场合宜选用石棉芯；有机芯易燃，不能用于高温场合。

6）必须有产品检验合格证。

（4）钢丝绳的储存

1）钢丝绳应存放于干燥、有木地板或沥青、混凝土地面的仓库里，以免腐蚀。堆放时，成卷的钢丝绳应竖立放置（即卷轴与地面平行），不得平放。

2）必须在露天存放时，地面上应垫木方，并用防水苫布覆盖。

3）运输过程中，应注意不要损坏钢丝绳表面。

（5）钢丝绳的松卷

1）在整卷钢丝绳中引出一个绳头并拉出一部分重新盘绕成卷时，松绳的引出方向和重新盘绕成卷的绕绳方向应保持一致，不得随意抽取，以免形成圈套和死结，如图 1—47 所示。

2）当由钢丝绳卷直接往起升机构卷筒上缠绕时，应把整卷钢丝绳架在专用的支架上，松卷时的旋转方向应与起升机构卷筒上绕绳的方向一致，卷筒上绳槽的走向应同钢丝绳的捻向相适应。

3）在钢丝绳松卷和重新缠绕过程中，应避免钢丝绳接触污泥，以防止钢丝绳生锈。

4）钢丝绳严禁与电焊线碰触。

（6）钢丝绳的截断

图 1—47　钢丝绳的松卷

在截断钢丝绳时，宜使用专用刀具或砂轮锯，较粗钢丝绳可用氧乙炔割炬切割。如图 1—48 所示，截断钢丝绳时，要在截分处进行扎结，扎结绕向必须与钢丝绳股的绕向相反，扎结需紧固，以免钢丝绳在断头处松开。

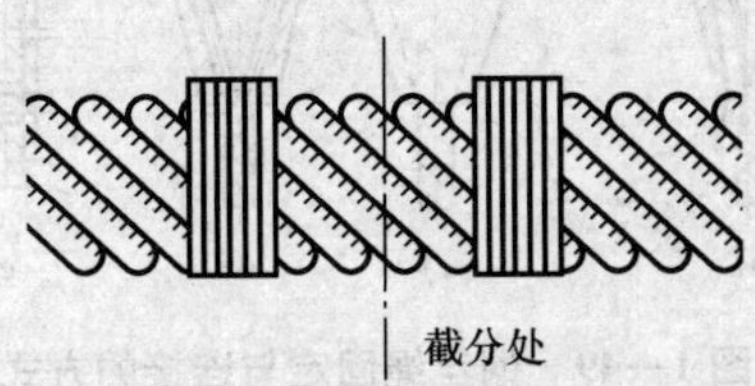

图 1—48　钢丝绳的扎结与截断

扎结宽度随钢丝绳直径而定，直径为 15～24 mm 的钢丝绳，扎结宽度应不小于 25 mm；直径为 25～30 mm 的钢丝绳，其扎结宽度应不小于 40 mm；直径为 31～44 mm 的钢丝绳，扎结宽度应不小于 50 mm；直径为 45～51 mm 的钢丝绳，扎结宽度应不小于 75 mm。扎结处与截分处之间的距离应不小于 50 mm。

（7）钢丝绳的穿绕

穿绕方式是否正确将影响钢丝绳的使用寿命。因此，要由训练有素的技工细心地进行穿绕，并应在穿绕时将钢丝绳涂满润滑脂。

穿绕钢丝绳时，必须注意检查钢丝绳的捻向。如俯仰变幅动臂式塔式起重机臂架拉绳的捻向必须与臂架变幅绳的捻向相同，起升钢丝绳的捻向必须与起升卷筒上的钢丝绳绕向相反。

（8）钢丝绳的固定与连接

钢丝绳与其他零部件连接或固定时，应注意连接或固定方式与使用要求相符，连接或固定部位应达到相应的强度和安全要求。图 1—49 所示为常用的钢丝绳固定与连接的方式。

1）编结连接。如图 1—49a 所示，编结连接的编结长度不应小于钢丝绳直径的 15 倍，且不应小于 300 mm；连接强度不小于钢丝绳破断拉力的 75%。

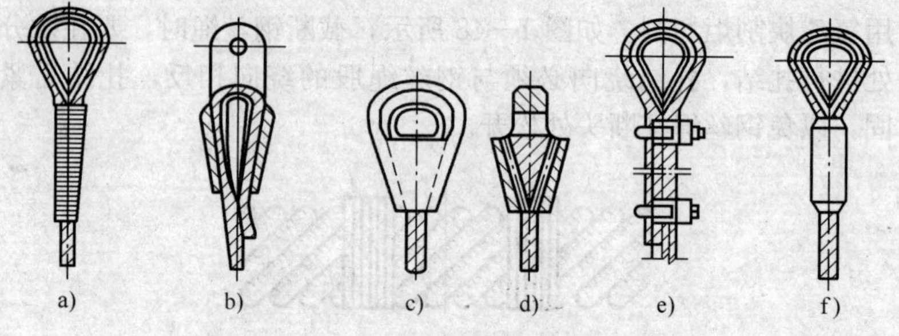

图 1—49　钢丝绳固定与连接的方式

a）编结连接　b）楔块、楔套连接　c）、d）锥形套浇铸法

e）绳夹连接　f）铝合金套压缩法

2）楔块、楔套连接。如图 1—49b 所示，钢丝绳一端绕过楔块，利用楔块在套筒内的锁紧作用使钢丝绳固定。固定处的强度为钢丝绳自身强度的 75%～85%。楔套应用钢材制造，连接强度不小于钢丝绳破断拉力的 75%。

3）锥形套浇铸法。如图 1—49c、d 所示，先将钢丝绳拆散，切去绳芯后插入锥形套内，再将钢丝绳末端弯成钩状，然后灌入熔融的铅液，经过冷却即成。

4）绳夹连接。如图1—49e所示，绳夹连接简单、可靠，应用广泛。

5）铝合金套压缩法。如图1—49f所示，钢丝绳末端穿过柱形套筒后松散钢丝，将钢丝头部弯成小钩，浇入金属液凝固而成。其连接应满足相应的工艺要求，固定处的强度与钢丝绳自身的强度大致相同。

(9) 钢丝绳的使用和维护

1）钢丝绳在卷筒上应按顺序整齐排列。

2）载荷由多根钢丝绳承受时，应设有各根钢丝绳受力平衡装置。

3）起升机构和变幅机构不得使用编结接长的钢丝绳。使用其他方法接长钢丝绳时，必须保证接头连接强度不小于钢丝绳破断拉力的90%。

4）起升高度较大的起重机，宜采用不旋转、无松散倾向的钢丝绳。采用其他钢丝绳时，应有防止钢丝绳和吊具旋转的装置或措施。

5）当吊钩处于工作位置最低点时，钢丝绳在卷筒上的缠绕，除固定绳尾的圈数外，必须不少于3圈。

6）应防止损伤、腐蚀或其他物理、化学因素造成的性能降低。

7）钢丝绳开卷时，应防止打结或扭曲；钢丝绳切断时，应有防止绳股散开的措施。

8）安装钢丝绳时，不应在不洁净的地方拖线，也不应缠绕在其他物体上，应防止划、磨、碾、压和过度弯曲。

9）领取钢丝绳时，必须检查该钢丝绳的合格证，以保证其力学性能、规格符合设计要求。

10）对日常使用的钢丝绳每天都应进行检查，包括对端部的固定连接、平衡滑轮处的检查，并作出安全性的判断。

（10）钢丝绳的润滑

钢丝绳应保持良好的润滑状态，所用润滑剂应符合该钢丝绳的要求，并且不影响外观检查。润滑时应特别注意不易看到和润滑剂不易渗透的部位，如平衡滑轮处的钢丝绳。

对钢丝绳定期进行系统润滑，可保证钢丝绳的性能，延长使用寿命。润滑之前，应将钢丝绳表面上积存的污垢和铁锈清除干净，最好是用镀锌钢丝刷将钢丝绳表面刷净。钢丝绳表面越干净，润滑油脂就越容易渗透到钢丝绳内部去，润滑效果就越好。钢丝绳的润滑方法有刷涂法和浸涂法。刷涂法就是人工使用专用刷子，把加热的润滑脂涂刷在钢丝绳的表面上。浸涂法就是将润滑脂加热到 60℃，然后使钢丝绳通过一组导辊装置被张紧，同时使之缓慢地在容器里熔融的润滑脂中通过。

（11）钢丝绳的检查

由于起重钢丝绳在使用过程中经常反复受到拉伸、弯曲，当拉伸、弯曲的次数超过一定数值后，会使钢丝绳出现“金属疲劳”现象，于是钢丝绳开始很快地损坏。同时，当钢丝绳受力伸长时钢丝绳绳股之间产生摩擦，绳与滑轮槽底、绳与起吊件之间的摩擦等使钢丝绳使用一定时间后就会出现磨损、断丝现象。此外，由于使用、储存不当，也可能造成钢丝绳的扭结、退火、变形、锈蚀、表面硬化、松捻等。钢丝绳在使用期间，一定要按规定进行定期检查，及早发现问题，及时保养或者更换报废，保证钢丝绳的安全使用。钢丝绳的检查包括外部检查与内部检查两部分。

1）钢丝绳外部检查。钢丝绳外部检查包括直径检查、磨损检查、断丝检查和润滑检查。

①直径检查。直径是钢丝绳极其重要的参数。通过测量直径，可以反映出直径的变化速度、钢丝绳是否受到过较大的冲击载荷、捻制时绳股张力是否均匀一致、绳芯对绳股是否保持了足够的支撑能力。钢丝绳直径应用带有宽钳口的游标卡尺测量，其

钳口的宽度要足以跨越两个相邻的绳股，如图 1—50 所示。

②磨损检查。钢丝绳在使用过程中产生磨损现象是不可避免的。通过对钢丝绳磨损情况进行检查，可以反映出钢丝绳与匹配轮槽的接触状况，在无法随时进行性能试验的情况下，根据钢丝绳磨损程度可推测钢丝绳实际承载能力。钢丝绳的磨损检查主要靠目测。

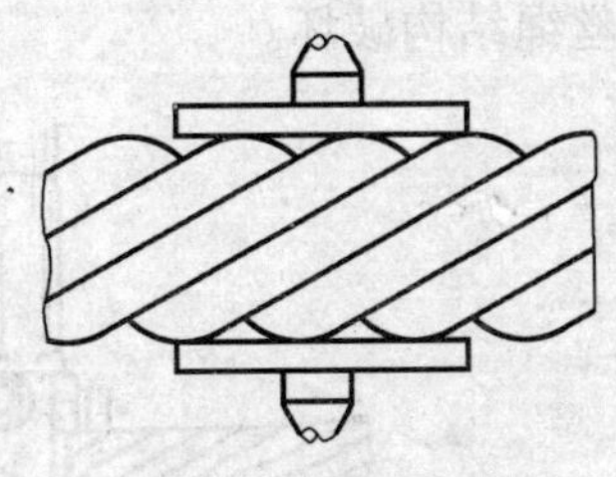

图 1—50　钢丝绳直径测量

③断丝检查。钢丝绳在投入使用后，肯定会出现断丝现象，尤其是到了使用后期，断丝发展速度会迅速上升。由于钢丝绳在使用过程中不可能一旦出现断丝现象即停止继续运行，因此，通过断丝检查，尤其是对一个捻距内的断丝情况进行检查，不仅可以推测钢丝绳继续承载的能力，而且根据断丝根数发展速度，可间接预测钢丝绳使用寿命。钢丝绳的断丝检查主要靠目测。

④润滑检查。通常情况下，新出厂的钢丝绳大部分在生产时已经进行了润滑处理，但在使用过程中，润滑油脂会流失。由于润滑不仅能够对钢丝绳在运输和储存期间起到防腐保护作用，而且能够减小使用过程中钢丝之间、绳股之间和钢丝绳与匹配轮槽之间的摩擦，对延长钢丝绳使用寿命十分有益。因此，为了将摩擦、腐蚀对钢丝绳的危害降低到最低程度，进行润滑检查非常必要。钢丝绳的润滑检查主要靠目测。

2）钢丝绳内部检查。对钢丝绳进行内部检查要比进行外部检查困难得多，但由于锈蚀和疲劳引起的断丝等内部损坏的隐蔽性更大，因此，为保证钢丝绳安全使用，必须在适当的部位进行内部检查。

如图 1—51 所示，检查时将两个尺寸合适的夹钳相隔 100～200 mm 夹在钢丝绳上，反方向转动，绳股便会脱起。操作时，必须十分仔细，以避免绳股被过度移位造成永久变形，而导致钢丝绳结构破坏。

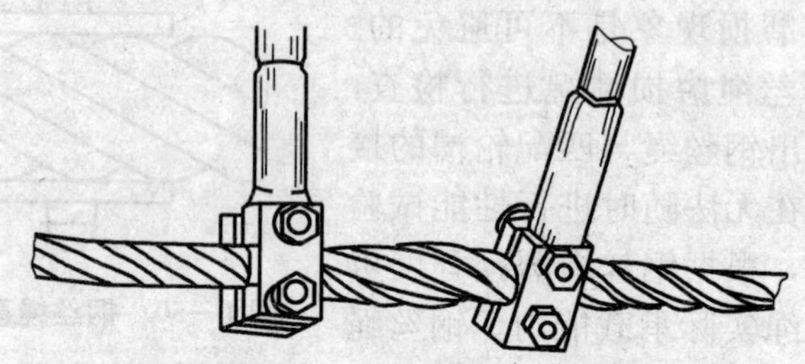

图 1—51　对一段连续钢丝绳做内部检查（张力为零）

如图 1—52 所示，小缝隙出现后，用探针拨动绳股并把妨碍视线的油脂或其他异物拨开，对内部润滑、钢丝锈蚀、钢丝之间相互运动产生的磨痕等情况进行仔细检查。检查断丝情况时一定要认真，因为钢丝断头一般不会翘起，因而不容易被发现。检查完毕，稍用力转回夹钳，以使绳股完全恢复到原来位置。如果上述过程操作正确，钢丝绳不会变形。对靠近绳端的绳段特别是对固定钢丝绳应严格检查，例如支持绳或悬挂绳。

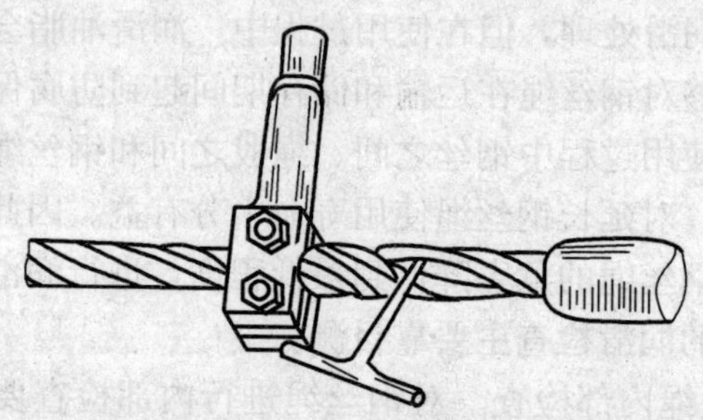

图 1—52　对靠近绳端装置的钢丝绳尾部做内部检查（张力为零）

前面所述的检查仅仅是对钢丝绳本身而言的，这只是保证钢丝绳安全使用要求的一个方面。此外，还必须对与钢丝绳使用的外围条件，如匹配轮槽的表面磨损情况、轮槽几何尺寸及转动灵活性等进行检查，以保证钢丝绳在运行过程中始终与其处于良好的接触状态，运行摩擦阻力最小。

（12）钢丝绳的报废

钢丝绳经过一定时间的使用，其表面的钢丝发生磨损和弯曲疲劳，使钢丝绳表层的钢丝逐渐折断，折断的钢丝数量越多，其他未断的钢丝承受的拉力越大，疲劳与磨损越严重，促使断丝速度加快，这样便形成恶性循环。当断丝发展到一定程度，保证不了钢丝绳的安全性能时，钢丝绳则不能继续使用，应予以报废。钢丝绳的报废应考虑钢丝的性质和数量、绳端断丝、断丝的局部聚集、断丝的增加率、绳股断裂、绳径减小、弹性降低、外部磨损、外部及内部腐蚀、变形、由于受热或电弧引起的破坏、永久伸长的增加率等因素。

钢丝绳的损坏往往是由于多种因素综合作用造成的，国家标准对钢丝绳的报废有明确的规定，具体可参见《起重机　钢丝绳保养、维护、安装、检验和报废》（GB/T 5972—2009）。

2. 吊索

吊索，又称千斤索或千斤绳，常用于把设备等物体捆绑、连接在吊钩、吊环上或用来固定滑轮、卷扬机等吊装机具，一般用6×61 和 6×37 钢丝绳制成。

（1）吊索的形式

如图 1—53 所示，吊索大致可分为可调捆绑式吊索、无接头吊索、压制吊索、编制吊索和钢坯专用吊索五种。

（2）常用的吊索绑扎方法

1）平行吊装绑扎法。平行吊装绑扎法一般有两种，一种是采用一个吊点，适用于短小、质量轻的物体，在绑扎前应找准物体的重心，使被吊装的物体处于水平状态，这种方法简单实用，常采用单支吊索穿套结索法，根据所吊物体是整体的一件，还是松散的多件，选用单圈或双圈穿套结索法，如图 1—54 所示；另一种是采用两个吊点，这种吊装方法是绑扎在物体的两端，常采用双支吊索穿套结索法和吊篮式结索法，如图 1—55 所示，吊索之间夹角不得大于 120°。

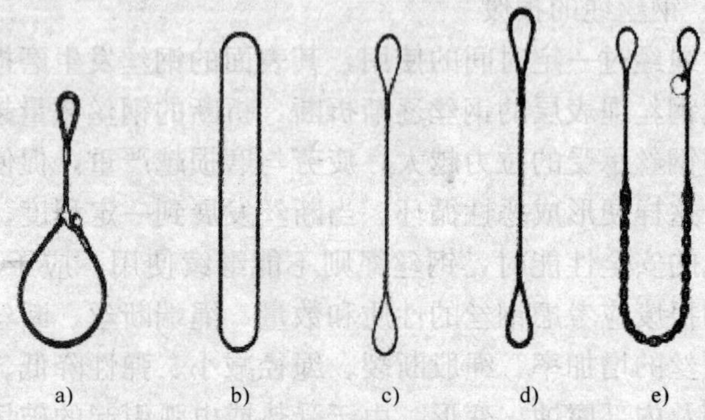

图 1—53　吊索

a）可调捆绑式吊索　b）无接头吊索　c）压制吊索
d）编制吊索　e）钢坯专用吊索

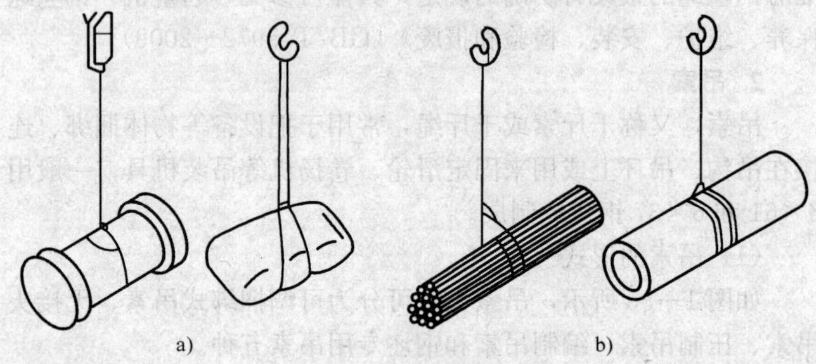

图 1—54　单支吊索穿套结索法

a）单圈　b）双圈

2）垂直斜形吊装绑扎法。如图 1—56 所示，垂直斜形吊装绑扎法多用于物体外形尺寸较长、对物体安装有特殊要求的场合。其绑扎点多为一点，绑扎位置在物体端部，绑扎时应根据物体质量选择吊索和卸扣，并采用双圈或双圈以上穿套结索法，防止物体吊起后发生滑脱。

3）兜挂法。如果物体重心居中可不用绑扎法，采用兜挂法直接吊装，如图 1—57 所示。

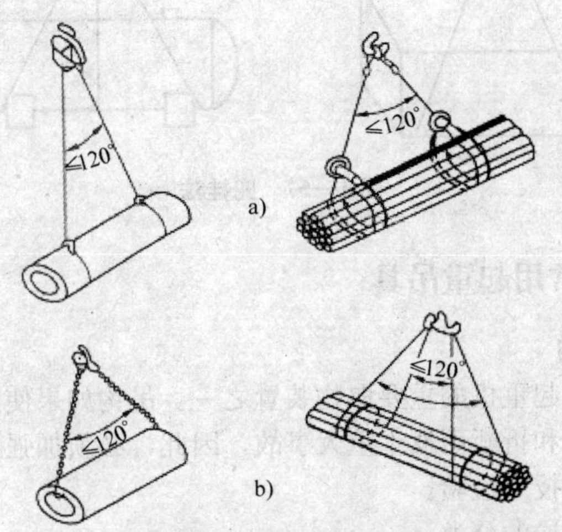

图 1—55　双支吊索穿套结索法和吊篮式结索法

a）双支吊索单双圈穿套结索法　b）吊篮式结索法

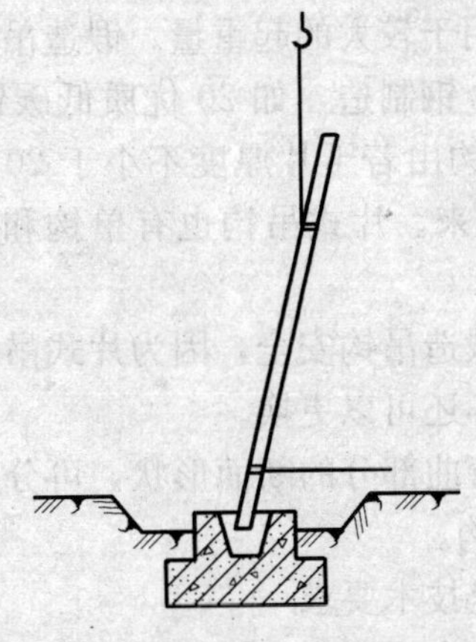

图 1—56　垂直斜形吊装绑扎法

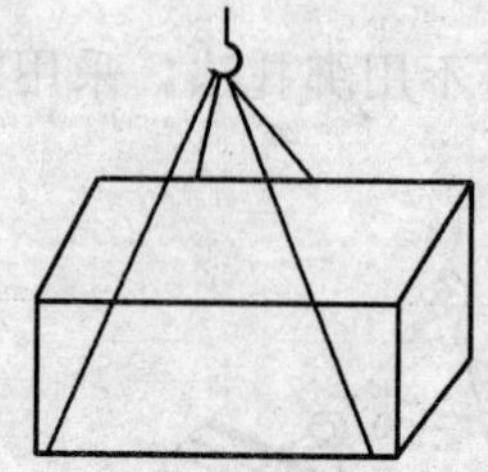
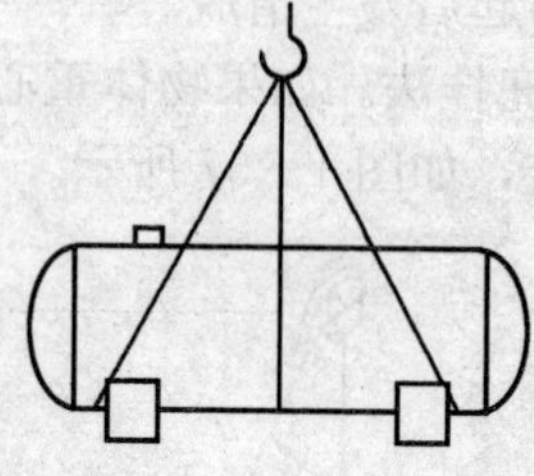

图 1—57　兜挂法

三、常用起重吊具

1. 吊钩

吊钩属起重机的重要取物装置之一。吊钩如果使用不当，容易造成损坏和折断而发生重大事故，因此，必须加强对吊钩的经常性的安全技术检验。

（1）吊钩的分类

按制造方法不同，吊钩可分为锻造吊钩和片式吊钩。锻造吊钩又可分为单钩和双钩，如图 1—58a、b 所示，单钩一般用于小起重量，双钩多用于较大的起重量。锻造吊钩材料采用优质低碳镇静钢或低碳合金钢制造，如 20 优质低碳钢、16Mn、20MnSi、36MnSi。片式吊钩由若干片厚度不小于 20 mm 的 Q235、20 或 16Mn 钢板铆接起来。片式吊钩也有单钩和双钩之分，如图 1—58c、d 所示。

片式吊钩比锻造吊钩安全，因为片式吊钩板片不可能同时断裂，个别板片损坏还可以更换。

吊钩按钩身弯曲部分的断面形状，可分为圆形、矩形、梯形和 T 字形断面吊钩。

（2）吊钩安全技术要求

吊钩应有出厂合格证明，在低应力区应有额定起重量标记。

1）吊钩的危险断面。对吊钩进行检验，必须先了解吊钩的危险断面，通过对吊钩的受力分析，可以了解到吊钩的危险断面有三个。

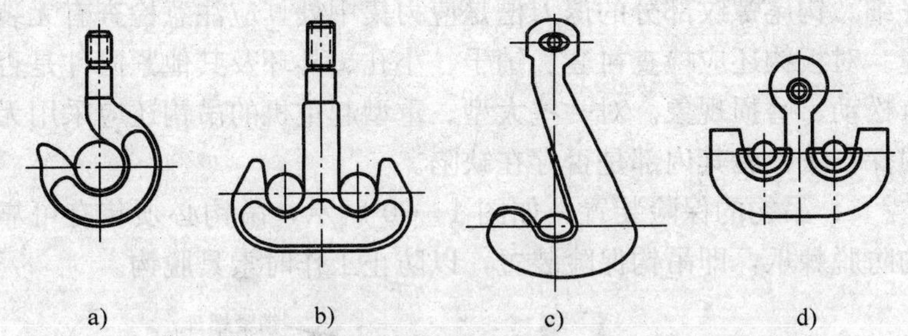

图 1—58　吊钩的种类

a）锻造单钩　b）锻造双钩　c）片式单钩　d）片式双钩

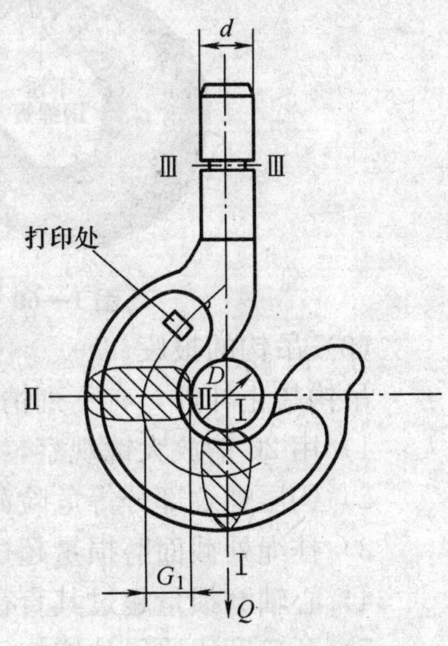

图 1—59　吊钩的危险断面

如图 1—59 所示，假定吊钩上吊挂重物的重力为 Q，由于重物重力通过钢丝绳作用在吊钩的Ⅰ—Ⅰ断面上，有把吊钩切断的趋势，该断面上受剪应力。由于重力 Q 的作用，在Ⅲ—Ⅲ断面，有把吊钩拉断的趋势，这个断面就是吊钩钩尾螺纹的退刀槽，这个部位受拉力。由于重力 Q 对吊钩产生拉力、剪应力之后，还有把吊钩拉直的趋势，也就是Ⅰ—Ⅰ断面以左的各断面除受拉力以外，还受到力矩的作用。因此，Ⅱ—Ⅱ断面受 Q 产生的拉力，同时受力矩的作用。另外，Ⅱ—Ⅱ断面的内侧受拉力，外侧受压力，根据计算，内侧拉力比外侧压力大一倍多。所以，将吊钩做成内侧厚、外侧薄的结构。

2）吊钩的检验。通常先用煤油洗净钩身，然后用 20 倍放大镜检查钩身是否有疲劳裂纹，特别是对危险断面的检查要认真、仔细。钩尾螺纹部分的退刀槽是应力集中处，应注意检查有无裂缝。对板钩还应检查衬套、销子、小孔、耳环及其他紧固件是否有松动、磨损现象。对一些大型、重型起重机的吊钩还应采用无损探伤法检验其内部是否存在缺陷。

3）吊钩的保险装置。如图 1—60 所示，吊钩必须装有可靠的防脱棘爪，即吊钩保险装置，以防止工作时索具脱钩。

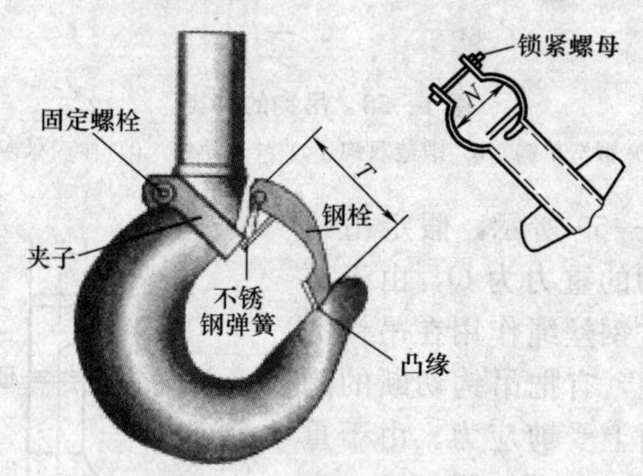

图 1—60　吊钩防脱棘爪

（3）吊钩的报废

吊钩禁止补焊，有下列情况之一时，应予以报废。

1）用 20 倍放大镜观察，表面有裂纹。

2）钩尾螺纹部分等危险截面及钩筋有永久性变形。

3）挂绳处截面磨损量超过原高度的 10%。

4）心轴磨损量超过其直径的 5%。

5）开口度比原尺寸增加 15%。

2. 卸扣

卸扣又称卡环，是起重作业中广泛使用的连接工具，它与钢丝绳等索具配合使用，拆装十分方便。

（1）卸扣的分类

卸扣按其外形分为直形和椭圆形，如图 1—61 所示。

按活动销轴的形式可分为销子式和螺栓式。活动销轴如图 1—62 所示。

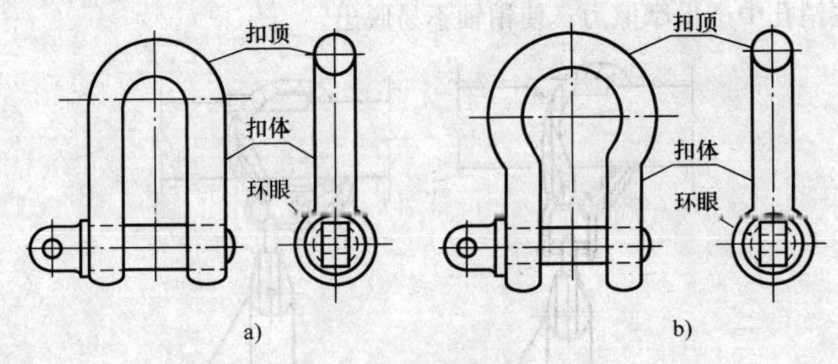

图 1—61　卸扣

a）直形卸扣　b）椭圆形卸扣

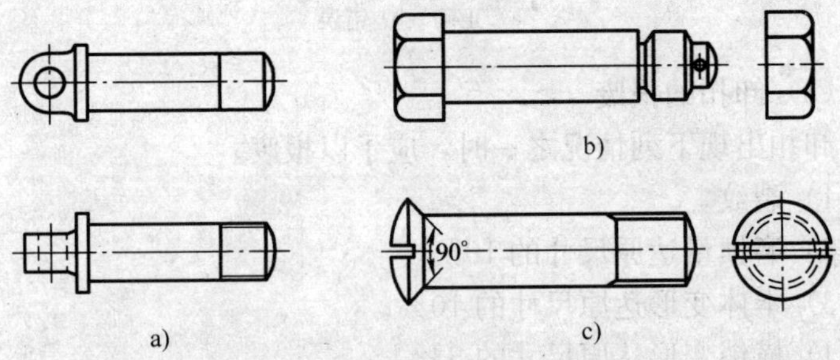

图 1—62　活动销轴

a）W 型，带有环眼和台肩的螺纹销轴　b）X 型，六角头螺栓、六角螺母和开口销　c）Y 型，沉头螺钉

（2）卸扣使用注意事项

1）卸扣必须是锻造的，一般是用 20 钢锻造后经过热处理而制成的，以便消除残余应力和增加其韧性，不能使用铸造和经补焊的卸扣。

2）使用时不得超过规定载荷，应使销轴与扣顶受力，不能横向受力，否则会造成扣体变形。

3）如图 1—63 所示，吊装时使用卸扣绑扎，在吊物起吊时应使扣顶在上，销轴在下，使绳扣受力后压紧销轴，销轴因受力在销孔中产生摩擦力，使销轴不易脱出。

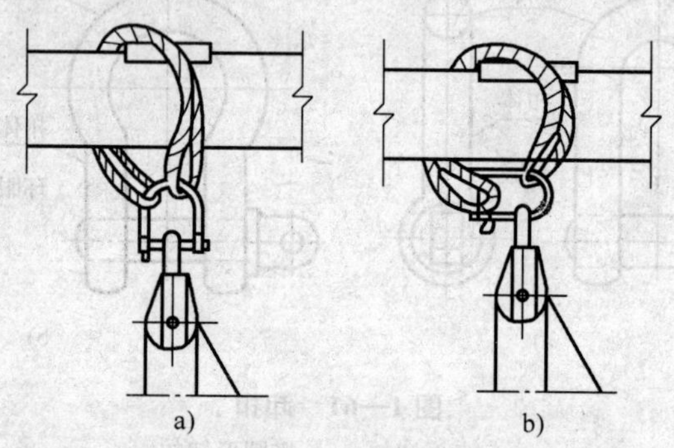

图 1—63　卸扣使用示意图

a）正确　b）错误

（3）卸扣的报废

卸扣出现下列情况之一时，应予以报废。

1）裂纹。

2）磨损量达原尺寸的 10%。

3）本体变形达原尺寸的 10%。

4）横销变形达原尺寸的 5%。

5）螺栓坏扣或滑扣。

6）卸扣不能闭锁。

3. 钢丝绳夹

钢丝绳夹是起重吊装作业中使用较广的钢丝绳夹具，主要用于钢丝绳的连接和钢丝绳穿绕滑车组时绳端的固定，以及桅杆上缆风绳绳头的固定等。常用的钢丝绳夹为骑马式绳夹和 U 形绳夹，如图 1—64 所示。

钢丝绳夹使用时应注意以下事项：

（1）钢丝绳夹布置时应把绳夹座扣在钢丝绳的工作段上，U形螺栓扣在钢丝绳的尾段上，如图1—65所示。注意钢丝绳夹与螺栓扣的朝向，不得在钢丝绳上交替布置。

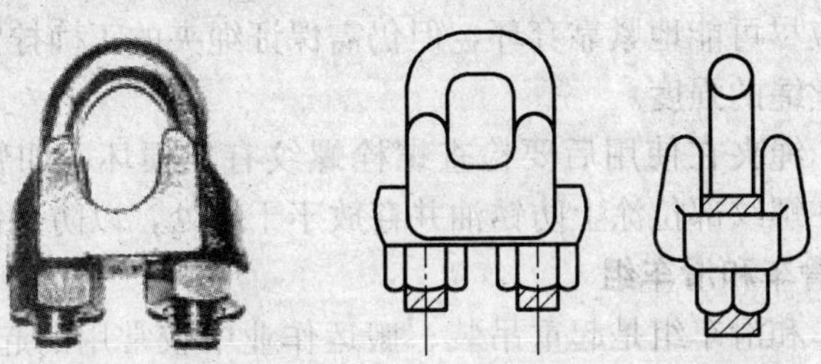

图1—64　钢丝绳夹

（2）钢丝绳夹的数量应符合表1—2的规定。

表1—2　钢丝绳夹的数量

绳夹规格（钢丝绳直径）（mm）	≤18	18～26	26～36	86～44	44～60
绳夹最少数量（组）	3	4	5	6	7

（3）钢丝绳夹间的距离A（见图1—65）应等于钢丝绳直径的7～8倍。

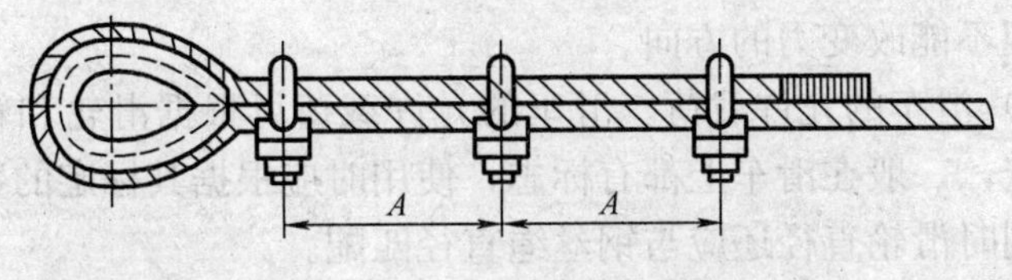

图1—65　钢丝绳夹的布置

（4）钢丝绳夹固定处的强度取决于绳夹在钢丝绳上的正确布置，以及绳夹固定的情况。使用不恰当的紧固螺母或钢丝绳夹数量不足可能使绳端在承载时，一开始就产生滑动。

（5）在实际使用中，绳夹受载一两次以后应作检查，在多数情况下，螺母需要进一步拧紧。

（6）钢丝绳夹紧固时需考虑每个绳夹的合理受力，离套环最远处的绳夹不得首先单独紧固；离套环最近处的绳夹，即第一个绳夹，应尽可能地紧靠套环，但仍需保证绳夹的正确拧紧，不得削弱钢丝绳的强度。

（7）绳夹在使用后要检查螺栓螺纹有无损坏，如暂不使用时，要在螺纹部位涂上防锈油并存放于干燥处，以防生锈。

4. 滑车和滑车组

滑车和滑车组是起重吊装、搬运作业中较常用的起重工具。滑车一般由吊钩（链环）、滑轮、轴、轴套和夹板等组成。

（1）滑车

1）滑车的分类。按滑轮的多少，滑车可分为单门（一个滑轮）、双门（两个滑轮）和多门等；按连接件的结构形式不同，可分为吊钩型、链环型、吊环型和吊梁型四种；按滑车的夹板形式不同，可分为开口滑车和闭口滑车两种，如图 1—66 所示。开口滑车的夹板可以打开，便于装入绳索，一般都是单门的，常用在拔杆脚等处作导向用。滑车按使用方式不同，又可分为定滑车和动滑车两种，定滑车在使用中是固定的，可以改变力的方向，但不能省力；动滑车在使用中是随着重物移动而移动的，它能省力，但不能改变力的方向。

2）滑车的允许载荷。滑车的允许载荷可根据滑轮和轴的直径确定，一般在滑车上都有标志，使用时应根据其标定的数值选用，同时滑轮直径还应与钢丝绳直径匹配。

双门滑车的允许载荷为同直径单门滑车允许载荷的两倍，三门滑车为单门滑车的三倍，同样，多门滑车的允许载荷就是它的各滑轮允许载荷的总和。例如，某一个四门滑车的允许载荷为 20 000 kg，则其中一个滑轮的允许载荷为 5 000 kg，即对于这个四门滑车，若工作中仅用一个滑轮，只能负担 5 000 kg，用两个，只能负担 10 000 kg，只有四个滑轮全用时才能负担20 000 kg。

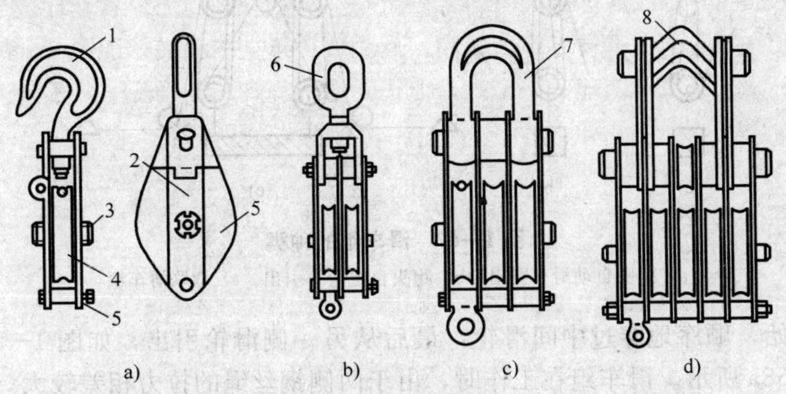

图1—66 滑车

a）单门开口吊钩型 b）双门闭口链环型 c）三门闭口吊环型

d）三门吊梁型

1—吊钩 2—拉杆 3—轴 4—滑轮

5—夹板 6—链环 7—吊环 8—吊梁

（2）滑车组

滑车组是由一定数量的定滑车和动滑车及绕过它们的绳索组成的简单起重工具。它能省力，也能改变力的方向。

1）滑车组的种类。根据跑头引出的方向不同，滑车组可分为跑头自动滑车引出和跑头自定滑车引出两种基本形式。如图1—67a 所示为跑头自动滑车引出，这时用力的方向与重物移动的方向一致；如图 1—67b 所示为跑头自定滑车引出，这时用力的方向与重物移动的方向相反。在采用多门滑车进行吊装作业时常采用双联滑车组，如图 1—67c 所示，双联滑车组有两个跑头，可用两台卷扬机同时牵引，其速度快一倍，滑车组受力比较均衡，滑车不易倾斜。

2）滑车组绳索的穿法。如图 1—68 所示，滑车组中绳索有普通穿法和花穿法两种。普通穿法是将绳索自一侧滑轮开

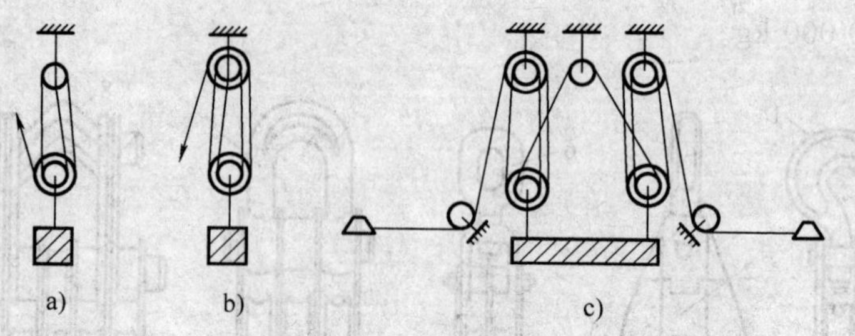

图 1—67 滑车组的种类

a）跑头自动滑车引出 b）跑头自定滑车引出 c）双联滑车组

始，顺序地穿过中间滑轮，最后从另一侧滑轮引出，如图 1—68a 所示。滑车组在工作时，由于两侧钢丝绳的拉力相差较大，跑头 7 的拉力最大，绳索 6 次之，固定头 1 受力最小，所以滑车在工作中不平稳。如图 1—68b 所示，花穿法的跑头从中间滑轮引出，两侧钢丝绳的拉力相差较小，所以能克服普通穿法的缺点。在用“三三”（上三下三）以上的滑车组时，最好用花穿法。

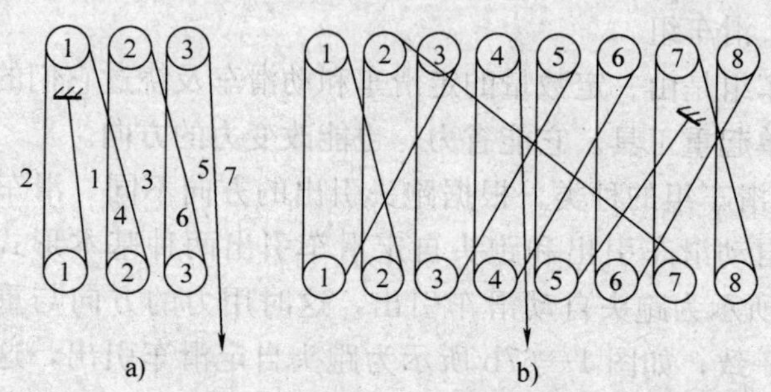

图 1—68 滑车组绳索的穿法

a）普通穿法 b）花穿法

滑车组中动滑车上穿绕绳子的根数，习惯上叫“走几”，如动滑车上穿绕三根绳子叫“走三”，穿绕四根绳子叫“走四”。

（3）滑车及滑车组使用注意事项

1）使用前应查明标志的允许载荷，检查滑车的轮槽、轮轴、夹板、吊钩（链环）等有无裂缝和损伤，滑轮转动是否灵活。

2）滑车组绳索穿好后，要慢慢地加力，绳索收紧后应检查各部分状况是否良好，有无卡绳现象。

3）滑车的吊钩（链环）中心应与吊物的重心在一条铅垂线上，以免吊物起吊后不平稳。滑车组上下滑车之间的最小距离应根据具体情况而定，一般为700～1 200 mm。

4）滑车在使用前后都要刷洗干净，轮轴要加油润滑，防止磨损和锈蚀。

5）为了提高钢丝绳的使用寿命，滑轮直径不得小于钢丝绳直径的16倍。

（4）滑轮的报废

滑轮出现以下情况之一时，应予以报废。

1）裂纹或轮缘破损。

2）滑轮绳槽壁厚磨损量达原壁厚的20%。

3）滑轮底槽的磨损量超过相应钢丝绳直径的25%。

四、常用起重工具和设备

1. 千斤顶

千斤顶是一种用较小的力将重物顶高、降低或移位的简单而方便的起重设备。千斤顶构造简单，使用轻便，便于携带，工作时无振动与冲击，能保证将重物准确地停在一定的高度上，举升重物时，不需要绳索、链条等，但行程短，加工精度要求较高。

（1）千斤顶的分类

千斤顶有液压式、螺旋式和齿条式三种基本类型。

1）液压千斤顶。常用的液压千斤顶为YQ型，其构造如图1—69所示。

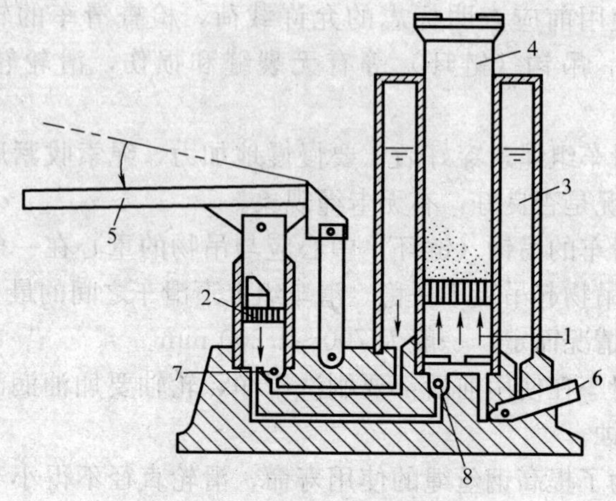

图 1—69　液压千斤顶的构造

1—油室　2—油泵　3—储油腔　4—活塞　5—摇把

6—回油阀　7—油泵进油门　8—油室进油门

2）螺旋千斤顶。常用的螺旋千斤顶是 LQ 型，如图 1—70 所示，它由棘轮组 1、小锥齿轮 2、升降套筒 3、锯齿形螺杆 4、螺母 5、大锥齿轮 6、推力轴承 7、主架 8、底座 9 等组成。

3）齿条千斤顶。齿条千斤顶又叫起道机，由金属外壳、装在外壳内的齿条、齿轮和手柄等组成。在路基路轨的铺设中常用到齿条千斤顶。

（2）千斤顶使用注意事项

1）千斤顶使用前应拆洗干净，并检查各部件是否灵活，有无损伤，液压千斤顶的阀门、活塞、皮碗是否良好，油液是否干净。

2）使用时，应放在平整坚实的地面上，如地面松软，应铺方木以扩大承压面积。设备或物件的被顶点应选择坚实的平面并应清洁、无油污，以防打滑，还须加垫木板以免顶坏设备或物件。

3）严格按照千斤顶的额定起重量使用千斤顶，每次顶升高

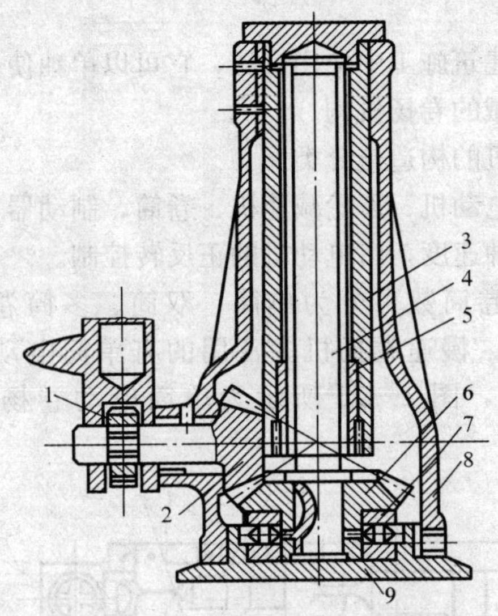

图 1—70　螺旋千斤顶的构造

1—棘轮组　2—小锥齿轮　3—升降套筒　4—锯齿形螺杆　5—螺母
6—大锥齿轮　7—推力轴承　8—主架　9—底座

度不得超过活塞上的标志。

4）在顶升过程中，要随时注意千斤顶的直立，不得歪斜，严防倾倒，不得任意加长手柄或操作过猛。

5）操作时，先将物件顶起一点后暂停，检查千斤顶、枕木垛、地面和物件等的情况是否良好，如发现千斤顶和枕木垛不稳等情况，必须妥善处理后才能继续工作。顶升过程中，应设保险垫，并要随顶随垫，其脱空距离应保持在 50 mm 以内，以防千斤顶倾倒或突然回油而造成事故。

6）用两台或两台以上的千斤顶同时顶升一个物件时，要有统一指挥，动作一致，升降同步，保证物件平稳举升。

7）千斤顶应存放在干燥、无尘的地方，避免日晒雨淋。

2. 卷扬机

卷扬机在建筑施工中使用广泛，它可以单独使用，也可以作为其他起重机械的卷扬机构。

（1）卷扬机的构造与分类

卷扬机由电动机、齿轮减速机、卷筒、制动器等构成。提升和下降均为一种速度，由电动机的正反转控制。

卷扬机按卷筒数可分为单筒、双筒、多筒卷扬机，按速度可分为快速、慢速卷扬机。常用的有单筒电动卷扬机和双筒电动卷扬机，图 1—71 所示为单筒电动卷扬机的结构示意图。

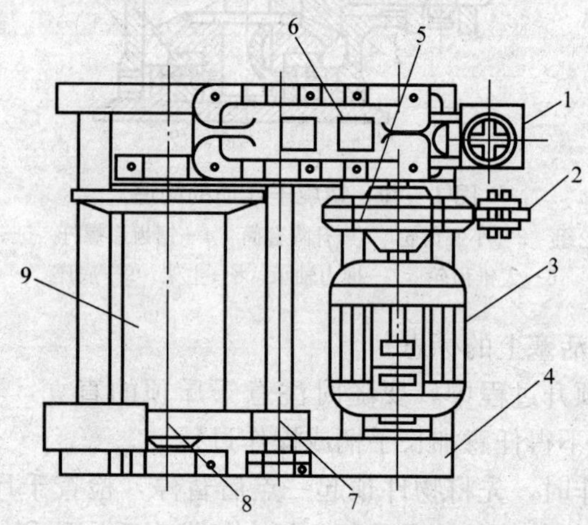

图 1—71　单筒电动卷扬机的结构示意图

1—可逆控制器　2—电磁制动器　3—电动机　4—底盘　5—联轴器　6—减速器　7—小齿轮　8—大齿轮　9—卷筒

（2）卷扬机的基本参数

常用卷扬机的基本参数主要包括钢丝绳额定拉力、卷筒容绳量、钢丝绳平均速度、钢丝绳直径和卷筒直径等。

1）慢速卷扬机的基本参数见表 1—3。

2）快速卷扬机的基本参数见表 1—4。

表 1—3　　　　　　慢速卷扬机的基本参数

基本参数 ＼ 形式	单筒卷扬机						
钢丝绳额定拉力（tf）	3	5	8	12	20	32	50
卷筒容绳量（m）	150	150	400	600	700	800	800
钢丝绳平均速度（r/min）	9～12			8～11		7～10	
钢丝绳直径 d（mm）	≥15	≥20	≥26	≥31	≥40	≥52	≥65
卷筒直径 D	$D\geqslant 18d$						

表 1—4　　　　　　快速卷扬机的基本参数

基本参数 ＼ 形式	单筒卷扬机									
钢丝绳额定拉力（tf）	0.5	1	2	3	5	8	2	3	5	8
卷筒容绳量（m）	100	120	150	200	350	500	150	200	350	500
钢丝绳平均速度（r/min）	30～40		30～35		28～32		30～35		28～32	
钢丝绳直径 d（mm）	≥7.7	≥9.3	≥13	≥15	≥20	≥26	≥13	≥15	≥20	≥26
卷筒直径 D	$D>18d$									

（3）卷筒

卷筒是卷扬机的重要部件之一，卷筒由筒体、连接盘、轴及轴承支架等构成。

1）钢丝绳在卷筒上的固定。钢丝绳在卷筒上的固定通常使用压板、螺钉或楔块。固定的方法一般有楔块固定、长板条固定和压板固定，如图 1—72 所示。

①楔块固定如图 1—72a 所示。此法常用于直径较小的钢丝绳，不需要采用螺栓，适于多层缠绕。

②长板条固定如图 1—72b 所示。通过螺钉的压紧力，将带槽的长板条沿钢丝绳的轴向将绳端固定在卷筒上。

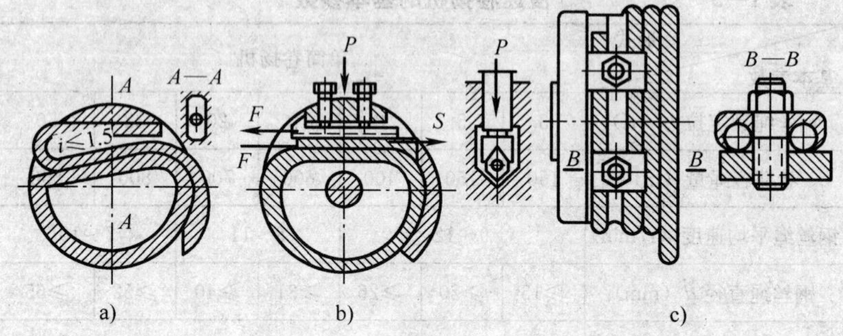

图 1—72　钢丝绳在卷筒上的固定

a）楔块固定　b）长板条固定　c）压板固定

③压板固定是最常见的固定形式，如图 1—72c 所示。利用压板和螺钉固定钢丝绳，压板数至少为两个。此固定方法简单，安全可靠，便于观察和检查。其缺点是所占空间较大，不宜用于多层缠绕。

2）卷筒的报废。卷筒出现下列情况之一时，应予以报废。

①裂纹或凸缘破损。

②卷筒壁磨损量达原壁厚的 10%。

（4）卷扬机的固定

卷扬机必须用地锚予以固定，以防工作时产生滑动或倾覆。根据受力大小，固定卷扬机的方法有螺栓锚固法、水平锚固法、立桩锚固法和压重锚固法四种，如图 1—73 所示。

（5）卷扬机的布置

卷扬机的布置（安装位置）应注意以下几点：

1）卷扬机安装位置周围必须排水畅通，并应搭设工作棚。

2）卷扬机的安装位置应能使操作人员看清指挥人员和起吊或拖动的物件，操作者视线仰角应小于 45°。

3）在卷扬机正前方应设置导向滑车，如图 1—74 所示。关于导向滑车至卷筒轴线的距离，带槽卷筒应不小于卷筒宽度的

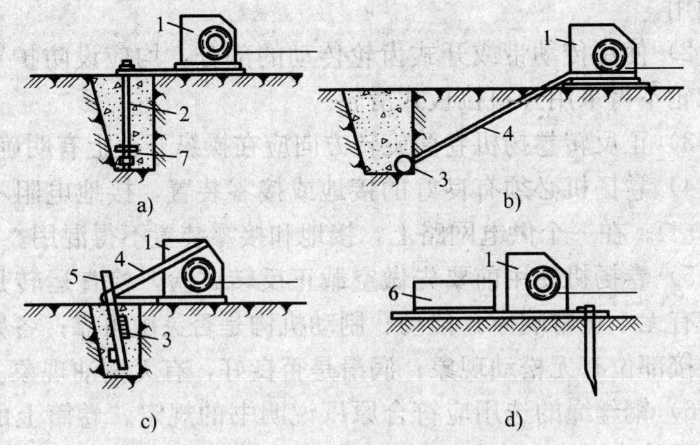

图 1—73　卷扬机的固定

a）螺栓锚固法　b）水平锚固法　c）立桩锚固法　d）压重锚固法

1—卷扬机　2—地脚螺栓　3—横木　4—拉索　5—木桩　6—压重　7—压板

15 倍，即倾斜角 α 不大于 2°，无槽卷筒应大于卷筒宽度的 20 倍，以免钢丝绳与导向滑车槽缘产生过度磨损。

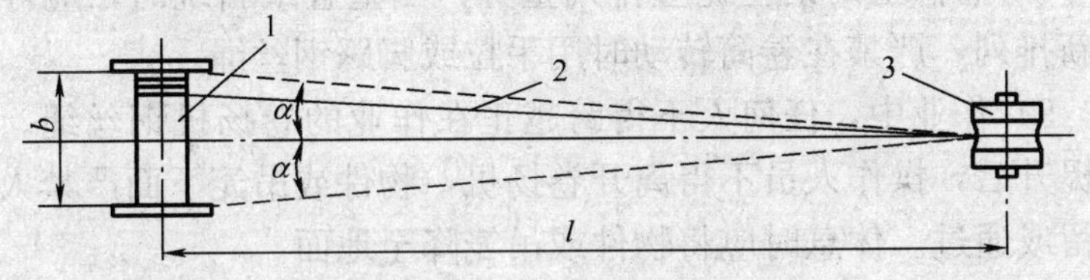

图 1—74　导向滑车

1—卷筒　2—钢丝绳　3—导向滑车

4）钢丝绳绕入卷筒的方向应与卷筒轴线垂直，其垂直度允许偏差为 6°，这样能使钢丝绳圈排列整齐，不致斜绕和互相错叠挤压。

（6）卷扬机使用注意事项

1）卷扬机使用前，应检查地面的固定安全装置、防护设施、电气线路、接零或接地线、制动装置和钢丝绳等，全部合格后方可使用。

2）使用传动带或开式齿轮传动的部分，均应设防护罩，导向滑轮不得采用开口拉板式滑轮。

3）正反转卷扬机卷筒旋转方向应在操纵开关上有明确标志。

4）卷扬机必须有良好的接地或接零装置，接地电阻不得大于 10 Ω。在一个供电网路上，接地和接零装置不得混用。

5）卷扬机使用前要先做空载正反转试验，检查运转是否平稳，有无不正常响声；传动、制动机构是否灵敏可靠；各紧固件及连接部位有无松动现象；润滑是否良好，有无漏油现象。

6）钢丝绳的选用应符合原厂说明书的规定。卷筒上的钢丝绳全部放出时应留有不少于 3 圈的钢丝绳；钢丝绳的末端应固定牢靠；卷筒边缘外周至最外层钢丝绳的距离应不小于钢丝绳直径的 2 倍。

7）钢丝绳应与卷筒及吊笼连接牢固，不得与机架或地面发生摩擦，通过道路时，应设过路保护装置。

8）卷筒上的钢丝绳应排列整齐，当重叠或斜绕时，应停机重新排列，严禁在卷筒转动时用手拉或脚踩钢丝绳。

9）作业中，任何人不得跨越正在作业的卷扬机钢丝绳。物件提升后，操作人员不得离开卷扬机，物件或吊笼下面严禁人员停留或通过。休息时应将物件或吊笼降至地面。

10）作业中如发现异响、制动不灵、制动装置或轴承等温度剧烈上升等异常情况，应立即停机检查，排除故障后方可继续使用。

3. 塔式起重机

塔式起重机简称塔机，也称塔吊。塔机主要用于房屋建筑施工中物料的垂直和水平输送及建筑构件的安装，尤其在高层建筑施工中是不可缺少的施工机械，施工升降机的安装中使用塔机作为辅助起重设备。

塔式起重机的分类方式有多种，从其主体结构与外形特征考虑，基本上可按架设形式、变幅形式、旋转部位和行走方式划分。施工现场常用的为自升小车变幅式塔式起重机。

（1）塔式起重机的结构组成

塔式起重机由金属结构、工作机构、电气系统和安全装置组成。图 1—75 所示为自升小车变幅式塔式起重机结构示意图。

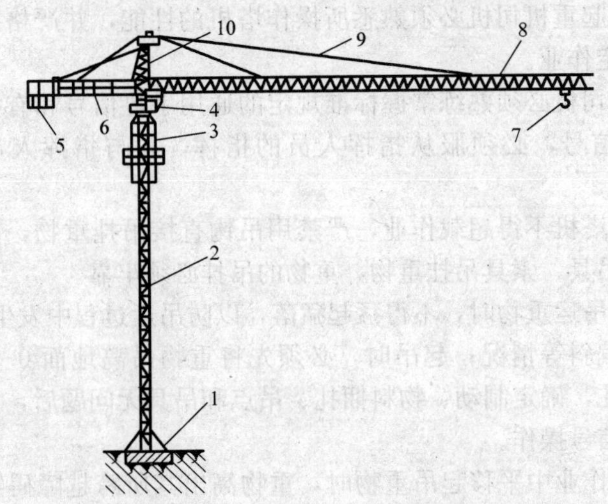

图 1—75　自升小车变幅式塔式起重机结构示意图

1—基础　2—塔身　3—顶升套架　4—驾驶室　5—平衡重　6—平衡臂　7—吊钩　8—起重臂　9—拉杆　10—塔帽

1）金属结构。由起重臂、平衡臂、塔帽、回转总成、顶升套架、塔身、底架（行走式）和附着装置等组成。

2）工作机构。包括起升机构、行走机构、变幅机构、回转机构、液压顶升机构等。

3）电气系统。由电源、电气设备、导线和低压电器组成。

4）安全装置。包括起升高度限位器、幅度限位器、回转限位器、运行（行走）限位器、起重力矩限制器、起重量限制器、小车断绳保护装置等，用来保证塔机的安全使用。

（2）塔式起重机的性能参数

施工中常用的自升小车变幅式塔式起重机，其主要技术参数包括起重力矩、起重量、幅度、自由高度（独立高度）、最大高度等，其他参数包括工作速度、结构质量、尺寸、（平衡臂）尾部尺寸等。

（3）塔式起重机的使用注意事项

1）起重机司机必须熟悉所操作塔机的性能，并严格按说明书的规定作业。

2）司机必须熟练掌握标准规定的通用手势信号和有关的各种指挥信号，必须服从指挥人员的指挥，并与指挥人员密切配合。

3）塔机不得超载作业，严禁用吊钩直接吊挂重物，吊钩必须配合吊具、索具吊挂重物，重物的吊挂必须牢靠。

4）吊运重物时，不得猛起猛落，以防吊运过程中发生散落、松绑、偏斜等情况；起吊时，必须先将重物吊离地面 0.5 m 左右后停住，确定制动、物料捆扎、吊点和吊具无问题后，方可按照指挥信号操作。

5）作业中平移起吊重物时，重物高出其所跨越障碍物的高度不得小于 1 m。

6）不得起吊带人的重物，禁止用塔机吊运人员。

7）起升或下降重物时，重物下方严禁有人通行或停留。

4. 履带式起重机

履带式起重机操纵灵活，本身能回转 360°，在平坦坚实的地面上能负荷行驶。由于履带的作用，与地面接触面积大，通过性好，可在松软、泥泞的场地作业，能进行挖土、夯土、打桩等多种作业，适用于建筑工地的吊装作业。但履带起重机的稳定性较差，行驶速度慢且履带易损坏路面，故转移时多用平板拖车装运。

（1）履带式起重机的结构组成

如图 1—76 所示，履带式起重机由动力装置、工作机构以及动臂、转台、履带底盘等组成。

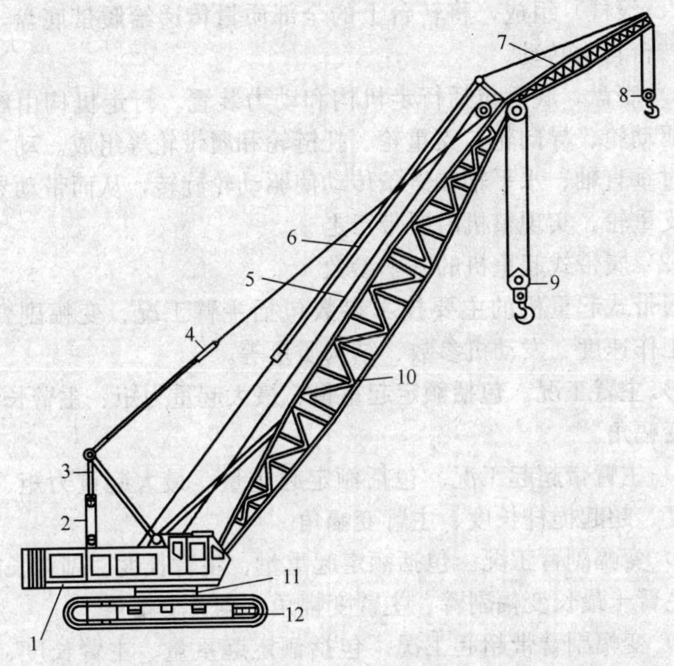

图 1—76　履带式起重机结构示意图

1—转台　2—平衡重　3—门架　4—动臂变幅滑轮组　5—起升钢丝绳　6—副臂固定索　7—副臂　8—副吊钩　9—主吊钩　10—动臂　11—回转支撑　12—履带底盘

1）动臂。履带式起重机的动臂为多节组装桁架结构，调整节数后可改变长度，其下端铰装于转台前部，顶端用变幅滑轮组悬挂支撑，可改变倾角。也有在动臂顶端加装副臂的，副臂与动臂成一定夹角。起升机构有主、副两个卷扬系统，主卷扬系统用于动臂吊重，副卷扬系统用于副臂吊重。

2）转台。转台通过回转支撑装在履带底盘上，可将转台上的全部质量传给履带底盘，其上部装有动力装置、传动系统、卷扬机、操纵机构、平衡重和操作室等。动力装置通过回转机构可以使转台作 360°回转。回转支撑由上、下滚盘和其间的滚动件

（滚球、滚柱）组成，将转台上的全部质量传递给履带底盘，并保证转台自由转动。

3）底盘。底盘包括行走机构和动力装置。行走机构由履带架、驱动轮、导向轮、支重轮、托链轮和履带轮等组成。动力装置通过垂直轴、水平轴和链条传动使驱动轮旋转，从而带动导向轮和支重轮，实现整机沿履带行走。

（2）履带式起重机的基本参数

履带式起重机的主要技术参数包括主臂工况、变幅副臂工况、工作速度、发动机参数、结构质量等。

1）主臂工况。包括额定起重量、最大起重力矩、主臂长度、主臂变幅角。

2）主臂带超起工况。包括额定起重量、最大起重力矩、主臂长度、超起桅杆长度、主臂变幅角。

3）变幅副臂工况。包括额定起重量、主臂长度、副臂长度、最长主臂＋最长变幅副臂、主臂变幅角、副臂变幅角。

4）变幅副臂带超起工况。包括额定起重量、主臂长度、副臂长度、最长主臂＋最长变幅副臂、超起桅杆长度、主臂变幅角、副臂变幅角。

5）工作速度。包括主（副）卷扬绳速、主（副）变幅绳速、超起变幅绳速、回转速度、行走速度。

6）发动机参数。包括输出功率、额定转速。

7）结构质量。包括整机质量（基本臂）、后配重＋中央配重＋超起配重、最大单件运输质量、运输尺寸（长×宽×高）。

8）接地比压。整车重力除以接地面积，单位一般为 MPa。

（3）履带式起重机的使用注意事项

1）履带式起重机应在平坦坚实的地面上作业、行走和停放。正常作业时，坡度不得大于 3°，并应与沟渠、基坑保持安全距离。

2）作业时，起重臂的最大仰角不得超过出厂规定。当无资料可查时，不得超过78°；变幅应缓慢平稳，严禁在起重臂未停时变换挡位；起重机载荷达到额定起重量的90%及以上时，禁止下降起重臂；在起吊载荷达到额定起重量的90%及以上时，升降动作应慢速进行，并严禁同时进行两种以上动作。

3）起吊重物时应先稍离地面试吊，当确认重物已挂牢，起重机的稳定性和制动器的可靠性均良好时，再继续起吊。在重物起升过程中，操作人员应把脚放在制动踏板上，密切注意起升重物，防止吊钩冒顶。当起重机停止运转而重物仍悬在空中时，即使制动踏板被固定，仍应将脚踩在制动踏板上。

4）采用双机抬吊作业时，应选用起重性能相似的起重机。抬吊时应统一指挥，动作应配合协调；载荷应分配合理，起重量不得超过两台起重机在该工况下允许起重量总和的75%，单机载荷不得超过允许起重量的80%；在吊装过程中，起重机的吊钩滑轮组应保持竖直状态。

5）多机抬吊（多于三台）时，应采用平衡轮、平衡梁等调节装置来调整各起重机的受力分配，单机的起吊载荷不得超过允许载荷的75%。多台起重机共同作业时，应统一指挥，动作应配合协调。

6）起重机如需带载行走时，载荷不得超过允许起重量的70%，行走道路应坚实平整，重物应在起重机正前方，重物离地面不得大于500 mm，并应拴好拉绳，缓慢行驶。严禁长距离带载行走。

7）起重机行走时，转弯不应过急；当转弯半径过小时，应分次转弯；当路面凹凸不平时，不得转弯。

8）起重机上下坡道时应无载行走，上坡时应将起重臂仰角适当放小，下坡时应将起重臂仰角适当放大。严禁下坡空挡滑行。

9）作业后，起重臂应转至顺风方向并降至40°～60°之间，吊钩提升到接近顶端的位置，应关停内燃机，将各操纵杆放在空挡位置，各制动器加保险固定，操纵室应关门加锁。

5. 汽车起重机

汽车起重机是装在普通汽车底盘或特制汽车底盘上的一种起重装置，其行驶驾驶室与起重操纵室分开设置。这种起重机的优点是机动性好，转移迅速。缺点是工作时需支腿，不能带载行驶，也不适合在松软或泥泞的场地工作。

（1）汽车起重机的分类

1）按额定起重量分类，额定起重量 15 t 以下的为小吨位汽车起重机，额定起重量 15～25 t 的为中吨位汽车起重机，额定起重量 25 t 以上的为大吨位汽车起重机。

2）按吊臂结构分类，有定长臂汽车起重机、接长臂汽车起重机和伸缩臂液压汽车起重机。

①定长臂汽车起重机多为小型机械传动起重机，采用汽车通用底盘，全部动力由汽车发动机供给。

②接长臂汽车起重机的吊臂由若干节臂组成，分为基本臂、顶臂和插入臂，可以根据需要在停机时改变吊臂长度。由于桁架臂受力好，迎风面积小，自重轻，是大吨位汽车起重机的主要结构形式。

③伸缩臂液压汽车起重机，其结构特点是吊臂由多节箱形断面的臂互相套叠而成，利用装在臂内的液压缸可以同时或逐节伸出或缩回。全部缩回时，可以达到最大起重量；全部伸出时，可以达到最大起升高度或工作半径。

3）按动力传动形式可分为机械传动、电力传动和液压传动三种。施工现场常用的是液压传动汽车起重机。

（2）汽车起重机的基本参数

汽车起重机的基本参数包括尺寸参数、质量参数、动力参数、行驶参数、主要性能参数及工作速度参数等。

1）尺寸参数。包括整机长、宽、高，第一、二轴距，第三、四轴距，一轴轮距，二、三轴轮距。

2）质量参数。包括行驶状态整机质量，一轴负荷，二、三轴负荷。

3）动力参数。包括发动机型号、发动机额定功率、发动机额定扭矩、发动机额定转速、最高行驶速度。

4）行驶参数。包括最小转弯半径、接近角、离去角、制动距离、最大爬坡能力。

5）主要性能参数。包括最大额定起重量、最大额定起重力矩、最大起重力矩、基本臂长、最长主臂长度、副臂长度、支腿跨距、基本臂最大起升高度、基本臂全伸最大起升高度、（主臂＋副臂）最大起升高度。

6）工作速度参数。包括起重臂变幅时间（起、落）、起重臂伸缩时间、支腿伸缩时间、主起升速度、副起升速度、回转速度。

（3）汽车起重机的使用注意事项

汽车起重机作业时应注意下列事项：

1）启动前，检查各安全保护装置和指示仪表是否齐全、有效，燃油、润滑油、液压油及冷却水是否添加充足，钢丝绳及连接部位是否符合规定，液压、轮胎气压是否正常，各连接件有无松动。

2）起重作业前，检查工作地点的地面条件。地面必须具备能使起重机呈水平状态，并能充分承受作用于支腿的压力的条件；注意地基是否松软，如较松软，必须给支腿垫好能承载的枕木或钢板；支腿必须全伸，并将起重机调整成水平状态；当需最长臂工作时，风力不得大于5级；起重机吊钩重心在起重作业时不得超过回转中心与前支腿（左右）接地中心线的连线；在起重量指示装置有故障时，应按起重性能表确定起重量，吊具质量应计入总起重量。

3）吊重作业时，起重臂下严禁站人，禁止吊起埋在地下的重物或斜拉重物，以免承受侧载；禁止使用不合格的钢丝绳和起重链；根据起重作业曲线，确定工作半径和额定起重量，调整臂杆长度和角度；起吊重物过程中不准落臂，必须落臂时应先将重物放至地面，小油门落臂、大油门抬臂后，重新起吊；回转动作要平稳，不准突然停转，当吊重接近额定起重量时，不得在吊物离地面 0.5 m 以上的空中回转；在起吊重物时，应尽量避免吊重变幅，起重臂仰角很大时，不准将吊物骤然放下，以防后倾。

4）不准带载行驶。

第二章

施工升降机及其分类

第一节　概述

施工升降机是一种用吊笼载人、载物，沿导轨上下运输的施工机械。施工升降机又称施工电梯，主要应用于高层和超高层建筑施工、桥梁施工，也用于仓库、码头、高塔等固定设施的垂直运输，如图 2—1 所示。

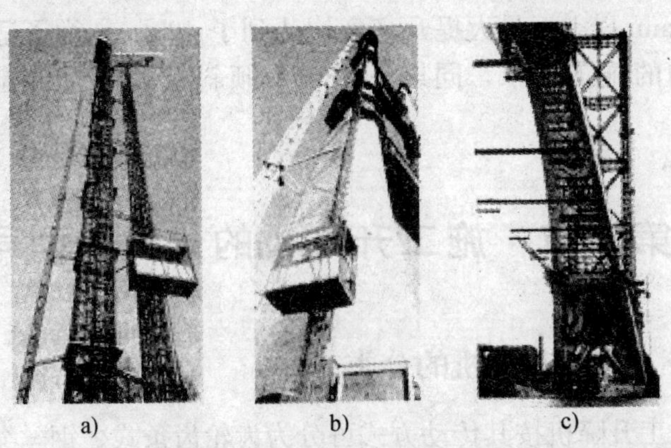

a)　　b)　　c)

图 2—1　施工升降机的应用

a）应用于铁塔施工　b）应用于超高设施施工　c）应用于桥梁施工

施工升降机在 20 世纪 70 年代开始应用于建筑施工中。在 20 世纪 70 年代中期研制的 76 型施工升降机，采用了单驱动机构、五挡涡流调速、圆柱蜗轮减速器、柱销式联轴器和楔块捕捉式限速器，额定提升速度为 36.4 m/min，最大额定载荷为 1 000 kg，最大提升高度为 100 m，基本上满足了当时高层建筑施工的需要。20 世纪 80 年代，随着我国建筑业迅速发展，高层建筑不断增加，为满足建筑业对施工升降机的更高要求，研制出了 SCD200/200 型施工升降机。该机采用了双驱动机构、专用电动机、平面二次包络蜗轮减速器和锥形摩擦式双向限速器，最大额定载重量为 2 000 kg，最大提升高度为 150 m。该机具有较高的传动效率和先进的防坠安全器，同时也增大了额定载重量和提升高度，达到了国外同类产品的技术性能，逐步成为使用最多的施工升降机基本机型，已基本满足了国内建筑施工的需要。

由于超高层建筑的不断出现，进入 20 世纪 90 年代，施工升降机的运行速度已满足不了施工要求，于是先后诞生了液压施工升降机和变频调速施工升降机，其最大提升速度达到了 90 m/min 以上，最大提升高度均达到了 400 m。为了适应特殊建筑物的施工要求，同期还出现了倾斜式和曲线式施工升降机等。

第二节　施工升降机的分类和型号

一、施工升降机的分类

施工升降机按其传动方式可分为齿轮齿条式、钢丝绳式和混合式三种类别。

1. 齿轮齿条式施工升降机

该施工升降机的传动方式为齿轮齿条式，动力驱动装置均通过平面包络环面蜗杆减速器带动小齿轮转动，再由传动小齿轮和导轨架上的齿条啮合，通过小齿轮的转动带动吊笼升降，每个吊笼上均装有渐进式防坠安全器，如图 2—2 所示。

图 2—2 齿轮齿条式施工升降机

按驱动传动方式的不同，目前有普通双驱动或三驱动式、变频调速驱动式、液压传动驱动式施工升降机；按导轨架结构形式的不同，有直立式、倾斜式、曲线式施工升降机。

（1）普通施工升降机

普通施工升降机采用专用双驱动或三驱动电动机作动力，其起升速度一般为 36 m/min。双驱动式施工升降机一般带有对重，其导轨架是由标准节通过高强度螺栓连接组装而成的直立结构形式，在建筑施工中广泛使用。

（2）液压施工升降机

液压施工升降机由于采用了液压传动驱动并实现无级调速，启动、制动平稳，可高速运行。驱动机构通过电动机带动柱塞泵产生高压油液，再由高压油液驱使液压马达运转，并通过蜗轮减速器及主动小齿轮实现吊笼的上下运行，但由于噪声大、成本高，目前较少使用。

(3) 变频调速施工升降机

变频调速施工升降机由于采用了变频调速技术，具有手控有级变速和无级变速功能，其调速性能更优于液压施工升降机，启动、制动更平稳，噪声更小。其工作原理是电源通过变频调速器，改变进入电动机的电源频率，以达到电动机变速的目的。

变频调速施工升降机的最大提升高度可达 450 m 以上，最大起升速度达 96 m/min。由于具有良好的调速性能、较大的提升高度，因此，在高层、超高层建筑施工中得到了广泛应用。

(4) 倾斜式施工升降机

倾斜式施工升降机是为满足特殊形状的建筑物的施工需要而产生的，其吊笼在运行过程中应始终保持垂直状态，导轨架按建筑物施工需要倾斜安装，吊笼两受力立柱与吊笼框制作成倾斜形式，其倾斜度与导轨架一致。由于吊笼的两立柱、导轨架、齿条与吊笼都有一个倾斜度，因此，三台驱动装置的布置形式呈阶梯式，如图 2—3 所示。导轨架轴线与铅垂线夹角一般不大于 11°。

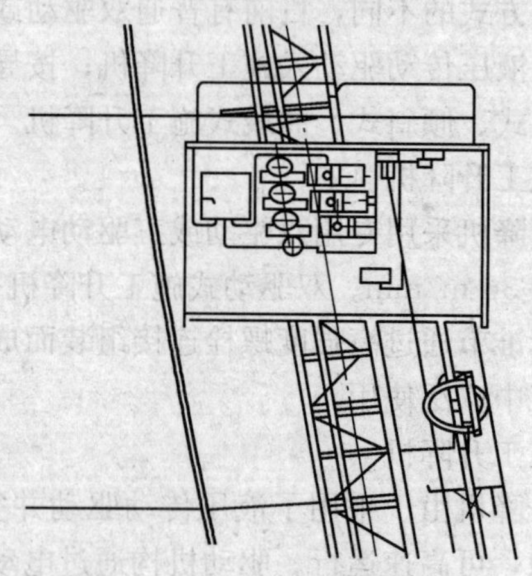

图 2—3　驱动装置的布置形式

倾斜式施工升降机与直立式施工升降机在设计与制造上的主要区别是导轨架的倾斜度由底座的形式和附墙架的长度决定。附墙架设有长度调节装置，以便在安装中调节附墙架的长短，保证导轨架的倾斜度和直线度。

(5) 曲线式施工升降机

曲线式施工升降机无对重，导轨架采用矩形截面或片状形式，通过附墙架或直接与建筑物内外壁面进行直线、斜线和曲线架设。该机型主要应用于以电厂冷却塔为代表的具有曲线外形的建筑物施工中，如图 2—4 所示。

曲线式施工升降机在设计与制造方面有以下特点：

1）吊笼采用下固定铰点或中固定铰点，设置有强制式自动调平与手动调平两种制式的调平机构，可使吊笼在作多种曲线运行时始终保持垂直。

2）吊笼与驱动装置采用拖式铰接连接，驱动装置采用全浮动机构，使曲线式施工升降机能适应更大的倾角和曲率。

图 2—4　曲线式施工升降机

3）齿轮齿条传动实现小折线近似曲线的特殊结构设计，保证传动机构能够平稳可靠地运行。

2. 钢丝绳式施工升降机

钢丝绳式施工升降机是采用钢丝绳提升的施工升降机，可分为人货两用和货用施工升降机两种类型。

(1) 人货两用施工升降机

人货两用施工升降机是用于运载人员和货物的施工升降机，如图 2—5 所示。提升钢丝绳通过导轨架顶上的导向滑轮，用设置在地面上的卷扬机（曳引机）使吊笼沿导轨架上下运动。

该机型每个吊笼设有具备防坠、限速双重功能的防坠安全装置，当吊笼超速下行或其悬挂装置断裂时，该装置能将吊笼制动并保持静止状态。

图 2—5 人货两用施工升降机

（2）货用施工升降机

货用施工升降机是只运载货物，禁止运载人员的施工升降机，如图 2—6 所示。提升钢丝绳通过导轨架顶上的导向滑轮，用设置在地面上的卷扬机（曳引机）使吊笼沿导轨架上下运动。该机设有断绳保护装置，当提升钢丝绳松绳或断裂时，该装置能制动带有额定载重量的吊笼，且不造成结构严重损害。对于额定提升速度大于 0.85 m/s 的升降机，安装有非瞬时式防坠安全装置。

3. 混合式施工升降机

该机型为一个吊笼采用齿轮齿条传动，另一个吊笼采用钢丝绳提升的升降机。目前建筑施工中很少使用。

二、施工升降机的型号

施工升降机的型号由组、型、特性、主参数和变型更新等代号组成，型号编制方法如下：

1. 主参数代号

图 2—6 货用施工升降机

单吊笼施工升降机标注一个数值。双吊笼施工升降机标注两个数值，用符号“/”分开，每个数值均为一个吊笼的额定载重量代号。对于SH型施工升降机，前者为齿轮齿条传动吊笼的额定载重量代号，后者为钢丝绳提升吊笼的额定载重量代号。

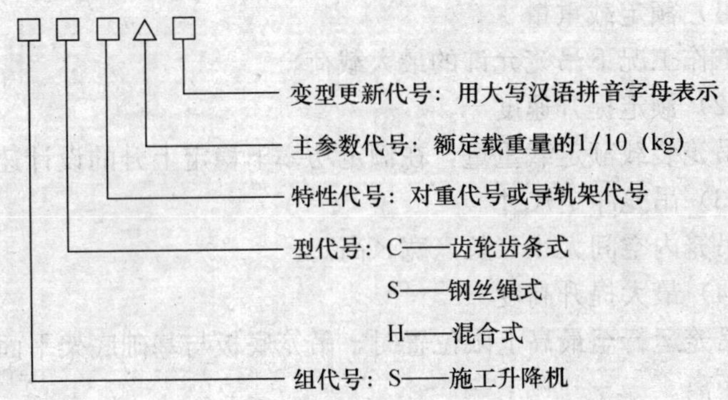

2. 特性代号

特性代号是表示施工升降机两个主要特性的符号。

（1）对重代号

有对重时标注D，无对重时省略。

（2）导轨架代号

对于SC型施工升降机，三角形截面标注T，矩形或片状截面省略；倾斜式或曲线式导轨架，则不论何种截面均标注Q。对于SS型施工升降机，导轨架为两柱时标注E，单柱导轨架内包容时标注B，不包容时省略。

3. 标记示例

（1）齿轮齿条式施工升降机，双吊笼，有对重，一个吊笼的额定载重量为2 000 kg，另一个吊笼的额定载重量为2 500 kg，导轨架横截面为矩形，表示为“施工升降机SCD200/250”。

（2）钢丝绳式施工升降机，单柱导轨架横截面为矩形，导轨架内包容一个吊笼，额定载重量为3 200 kg，第一次变型更新，表示为“施工升降机 SSB320A”。

三、施工升降机的技术参数

1. 施工升降机的主要技术参数

（1）额定载重量

工作工况下吊笼允许的最大载荷。

（2）额定提升速度

吊笼装载额定载重量，在额定功率下稳定上升的设计速度。

（3）吊笼净空尺寸

吊笼内空间大小（长×宽×高）。

（4）最大提升高度

吊笼运行至最高上限位置时，吊笼底板与基础底架平面间的垂直距离。

（5）额定安装载重量

安装工况下吊笼允许的最大载荷。

（6）标准节尺寸

组成导轨架的可以互换的构件的尺寸大小（长×宽×高）。

（7）对重质量

有对重的施工升降机的对重质量。

2. 施工升降机主要技术参数示例

（1）SS100/100 型货用施工升降机

SS100/100 型货用施工升降机如图 2—6 所示，其主要技术参数见表 2—1。

表 2—1　SS100/100 型货用施工升降机的主要技术参数

项　　目	单　位	技 术 参 数
额定载重量	kg	1 000
安装吊杆额定起重量	kg	120
吊笼净空尺寸（长×宽）	m	（2.5～3.8）×（1.3～1.5）

续表

项　　目		单　位	技 术 参 数
最大提升高度		m	50
额定提升速度		m/min	28～30
电动机	功率	kW	11
	电源		380 V，50 Hz
标准节尺寸（长×宽×高）		m	0.8×0.8×1.508
标准节质量		kg	110
最大自由端高度		m	6

（2）SCD200/200 型人货两用施工升降机

SCD200/200 型人货两用施工升降机的主要技术参数见表 2—2。

表 2—2　SCD200/200 型人货两用施工升降机的主要技术参数

项　　目	单　位	技 术 参 数
额定载重量	kg	2×1 000
额定提升速度	m/min	38
吊笼净空尺寸（长×宽×高）	m	3.0×1.3×2.7
最大提升高度	m	150
电动机功率	kW	11
电动机数量	台	2×2
安装吊杆起重量	kg	≤200
标准节高度	mm	1 508
对重质量	kg	2×1 260
最大自由端高度	m	9

（3）SCD200/200G 型和 SC200/200G 型变频调速施工升

降机

SCD200/200G 型和 SC200/200G 型变频调速施工升降机的主要技术参数见表 2—3。

表 2—3　SCD200/200G 型和 SC200/200G 型变频调速施工升降机的主要技术参数

项　目	单　位	技术参数	
		SCD200/200G	SC200/200G
额定载重量	kg	2×2 000	2×2 000
提升速度	m/min	96	60
最大提升高度	m	450	450
电动机功率	kW	15	15
电动机数量	台	2×3	2×3
对重质量	kg	2×2 000	

（4）SCQ150/150 型倾斜式施工升降机

SCQ150/150 型倾斜式施工升降机的主要技术参数见表 2—4。

表 2—4　SCQ150/150 型倾斜式施工升降机的主要技术参数

项　目	单　位	技术参数	项　目	单　位	技术参数
最大提升高度	m	215	提升速度	m/min	37
导轨架倾角	°	7	电动机功率	kW	（7.5×3）×2
额定载重量	kg	2×2 000			

（5）SCQ60/60 型曲线式施工升降机

SCQ60/60 型曲线式施工升降机的主要技术参数见表 2—5。

表 2—5　SCQ60/60 型曲线式施工升降机的主要技术参数

项　目	单位	技术参数	项　目	单 位	技术参数
最大提升高度	m	150	最大提升速度	m/min	28
调平机构倾角	°	－9～＋21	电动机功率	kW	7.5
导轨架转角	°	1	额定载重量	kg	600
吊笼净空尺寸（长×宽×高）	m	2.1×0.88×2.25			

（6）SSBD100 型和 SSBD100A 型钢丝绳式人货两用施工升降机

SSBD100 型和 SSBD100A 型钢丝绳式人货两用施工升降机的主要技术参数见表 2—6。

表 2—6　SSBD100 型和 SSBD100A 型钢丝绳式人货两用施工升降机的主要技术参数

项　目	单　位	技术参数	
		SSBD100	SSBD100A
额定载重量	kg	1 000（12 人）	1 000（12 人）
最高架设高度	m	100	100
最大提升高度	m	94	94
额定提升速度	m/min	38	38
电动机型号		Y160M—6	Y160M—6
电动机功率	kW	7.5	7.5
电动机额定电压/电流		380 V/24 A，50 Hz	380 V/24 A，50 Hz
曳引钢丝绳型号		11. NAT. 6×19S＋FC－1670	11. NAT. 6×19S＋FC－1670
吊笼净空尺寸（长×宽×高）	m	2.6×1.9×2.4	3.8×1.5×2.2
架体每节高度	m	1.5	1.5

续表

项　目	单　位	技 术 参 数	
		SSBD100	SSBD100A
吊笼自重	kg	950	950
曳引机自重	kg	590	590
对重箱自重	kg	1 400	1 400
整机自重	t	20（100 m）	20（100 m）

第三章

施工升降机的组成

第一节　施工升降机的金属结构

施工升降机的金属结构主要有导轨架、附墙架、吊笼、底架、地面防护围栏与层门、对重系统、电缆防护装置等。

一、导轨架

施工升降机的导轨架是用以支撑和引导吊笼、对重等装置运行的金属构架。它是施工升降机的主体结构之一，必须有足够的强度和刚度。

施工升降机的导轨架由标准高度的导轨节通过高强度螺栓连接组装而成。标准导轨节（简称标准节）是组成导轨架的可以互换的构件，所以，标准节及其连接均需可靠。

1. 标准节的结构与种类

标准节的截面一般有方形、三角形等形式，常用的是方形，如图 3—1 所示。

方形标准节由四根布置在四角作为立管的钢管和作为水平杆、斜腹杆的角钢、圆钢焊接而成。齿轮齿条式施工升降机的标准节一般是长度为 1 508 mm 的方形格构柱架，并用内六角螺栓把两根符合要求的齿条垂直安装在立柱的左右两侧，供施工升降机传递力矩用，有对重的施工升降机在立柱前后焊接或组装有对重导轨，每节标准节上下两端四角立管内侧配有 4 个孔，用来连接上下两节标准节或顶部天轮架。

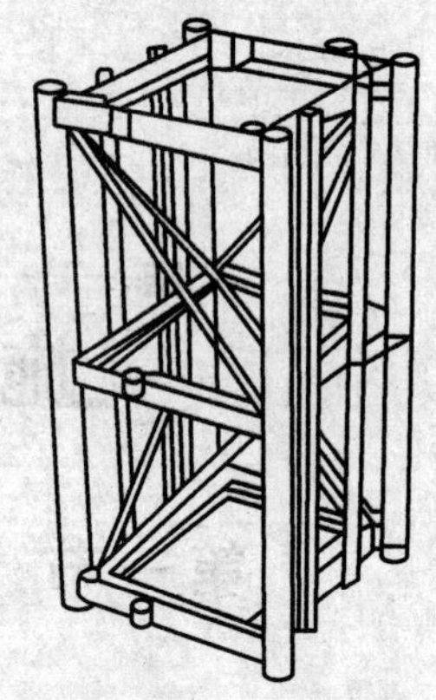

图 3—1 标准节

吊笼是通过齿轮齿条啮合传递力矩而实现上下运行的。齿轮齿条的啮合精度直接影响到吊笼运行的平稳性及可靠性。为了确保其安装精度，齿条的安装除用高强度螺栓固定外，还在齿条两端配有定位销孔。标准节立管的两端设有定位孔，以确保导轨的平直度。

2. 导轨架与标准节的安装质量要求

（1）SC 型施工升降机的导轨架在安装和使用时，其轴心线对底座水平基准面的垂直度误差应符合表 3—1 的规定。

表 3—1　　安装垂直度误差

导轨架架设高度 h（m）	$h \leqslant 70$	$70 < h \leqslant 100$	$100 < h \leqslant 150$	$150 < h \leqslant 200$	$h > 200$
垂直度误差（mm）	不大于导轨架架设高度的 1/1 000	≤70	≤90	≤110	≤130

（2）标准节拼接时，相邻标准节的立管接合面对接应平直，相互错位形成的阶差应限制为：

1）吊笼导轨不大于 0.8 mm。

2）对重导轨不大于 0.5 mm。

（3）标准节上的齿条连接应牢固，相邻两齿条的对接处，沿齿高方向的阶差不应大于 0.3 mm，沿长度方向的齿距偏差不应大于 0.6 mm。

（4）当立管壁厚减小 25%时，标准节应予报废或按立管壁厚规格降级使用。

(5) 当一台施工升降机使用的标准节有不同的立管壁厚时，各标准节应有标志，因此在安装使用前，应把相同类型的标准节堆放归类，并严格按使用说明书或安装手册的规定依次加节安装。

(6) SS 型施工升降机导轨架轴心线对底座水平基准面的安装垂直度误差不应大于导轨架高度的 1.5‰。

(7) SS 型施工升降机导轨接点截面相互错位形成的阶差不应大于 1.5 mm。

(8) 导轨架与标准节及其附件应保持完整、完好。

3. 限位碰块

限位碰块包括上、下限位碰块和上、下极限碰块。

(1) 限位碰块是触发安全开关的金属构件，一般安装在导轨架上，升降机运行或安全装置动作而触发安全开关时，应能使升降机停止运行，避免发生安全事故。

(2) 限位碰块安装位置的要求：

1) 限位碰块应完好、安装牢固。

2) 当额定提升速度小于 0.8 m/s 时，上限位碰块安装位置距导轨架顶部的安全距离不应小于 1.8 m。

3) 当额定提升速度大于或等于 0.8 m/s 时，上限位碰块安装位置距导轨架顶部的安全距离应满足下式：

$$L=1.8+0.1v^2$$

式中 L——安全距离，m；

v——提升速度，m/s。

4) 下限位碰块的安装位置应保证吊笼以额定载重量下降时，碰块触发限位开关使吊笼制停，此时吊笼离下极限碰块还应有一定距离。

5) 在正常工作状态下，上极限碰块的安装位置应保证上极限碰块与上限位碰块之间的越程距离为：

①SS 型施工升降机 0.5 m。

②SC 型施工升降机 0.15 m。

6）在正常工作状态下，下极限碰块的安装位置应确保吊笼碰到缓冲器之前，下极限开关应首先动作。

二、附墙架

附墙架是按一定间距连接导轨架与建筑物或其他固定结构，用以支撑导轨架的构件。当导轨架高度超过最大独立高度时，施工升降机应架设附着装置。

1. 附墙架的种类

附墙架一般可分为直接附墙架和间接附墙架。如图 3—2 所示，直接附墙时，附墙架的一端用 U 形螺栓和标准节的框架连接，另一端和建筑物连接，以保持其稳定性。如图 3—3 所示，间接附墙时，附墙架的一端用 U 形螺栓和标准节的框架连接，另一端用两个扣环扣在两根导柱管上，同时用过桥连杆把四根过道竖杆（立管）连接起来，在过桥连杆和建筑物之间用斜支撑等连接成一体。通过调节附墙架可以调整导轨架的垂直度。

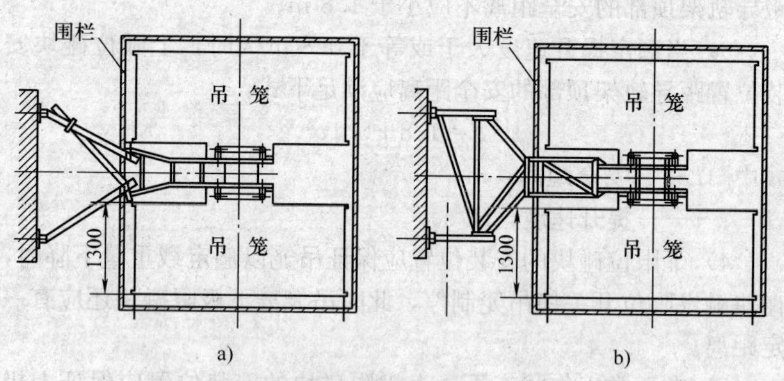

图 3—2　直接附墙架示意图

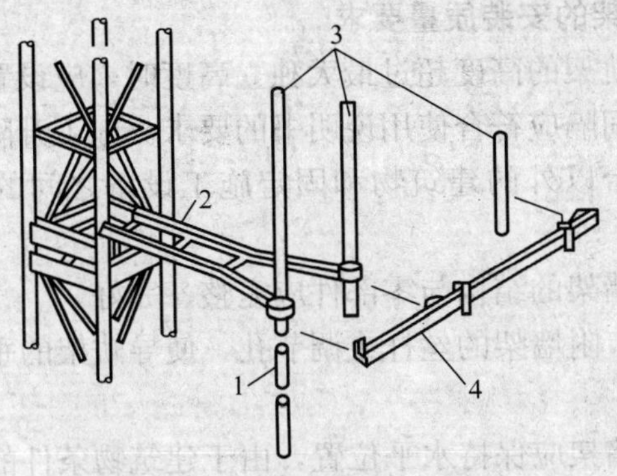

图 3—3　间接附墙架示意图

1—立杆接头　2—短前支撑　3—过道竖杆（立管）　4—过桥连杆

2. 附墙架与建筑物的连接方式

根据建筑物条件、相对位置，确定附墙架与建筑物的连接方式、连接件与墙的连接方式，如图 3—4 所示。附墙架连接不得使用膨胀螺栓。

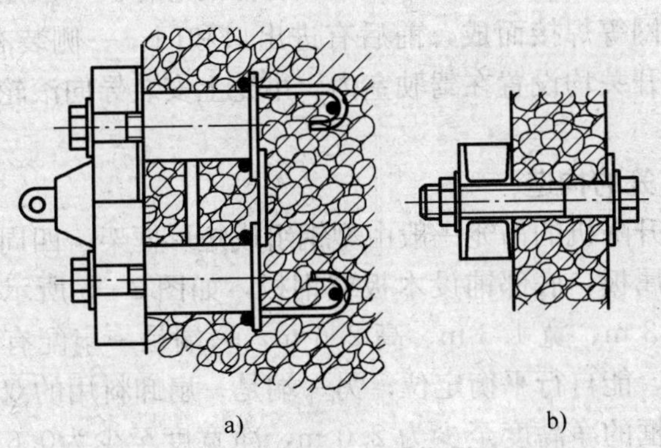

图 3—4　附墙架与建筑物的连接方式

a）预埋式　b）穿墙式

3. 附墙架的安装质量要求

（1）导轨架的高度超过最大独立高度时，应设置附墙架。附墙架的附着间隔应符合使用说明书的要求。施工升降机运动部件与除登机平台以外的建筑物和固定施工设备之间的距离不小于0.2 m。

（2）附墙架的结构与零部件应完整、完好。

（3）调节附墙架的丝杆或调节孔，使导轨架的垂直度符合标准要求。

（4）附墙架应保持水平位置，由于建筑物条件的影响，其最大水平倾角应控制在说明书规定范围内。

（5）连接螺栓为不低于8.8级的高强度螺栓，其紧固件的表面不得有锈斑、碰撞凹坑和裂纹等缺陷。

三、吊笼

吊笼是施工升降机用来运载人员或货物的笼形部件和用来运载物料的带有侧护栏的平台或斗状容器的总称。一般用型钢、钢板和钢板网等焊接而成，前后有进出口和门，一侧装有驾驶室，主要操作开关均设置在驾驶室内。吊笼上安装导向滚轮，沿导轨架运行。

1. 吊笼的构造

施工升降机的吊笼一般由型钢组成矩形框架，四周封有钢丝网片或金属板，底部铺设木板或钢板，如图 3—5 所示。吊笼外形一般长 3 m、宽 1.3 m、高 2.6 m，一端是一扇配有平衡重块的单行门，能自行平衡定位；另一端是一扇卸料用的双行门，载人吊笼门框的净高度至少为 2.0 m，净宽度至少为0.6 m。门应能完全遮蔽开口，其开启高度不应低于 1.8 m。

吊笼门装有机械锁钩，保证在运行时不会自动打开，同时还设有电气安全开关，当门未完全关闭时能有效切断控制回路电源，使吊笼停止或无法启动。

在吊笼的顶部设有紧急逃离出口，出口的面积不小于 0.4 m×0.6 m，紧急逃离出口上装有向外开启的天窗盖，抵达天窗的梯子应始终置于吊笼内。紧急逃离门上还装有电气安全联锁开关，当门未锁紧时吊笼应停止或无法启动。

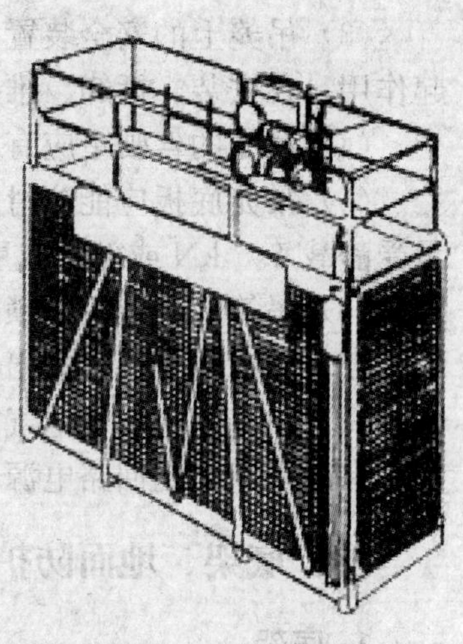

图 3—5　吊笼

载人的吊笼应封顶，笼内净高度不应小于 2 m。吊笼顶部设有天窗和用于安装、拆卸、维修的平台及防护围栏，护栏的上扶手应不低于 1.05 m，中间增设横杆，踢脚板高度不小于 100 mm，护栏与顶板边缘的距离不应大于 100 mm。

为保证吊笼在导轨架上顺畅地上下运行，吊笼上装有两组滚轮装置，并套合在导轨架上，如图 3—6 所示。在吊笼的两根主立柱上还安装了两对防止吊笼倾翻的安全钩。

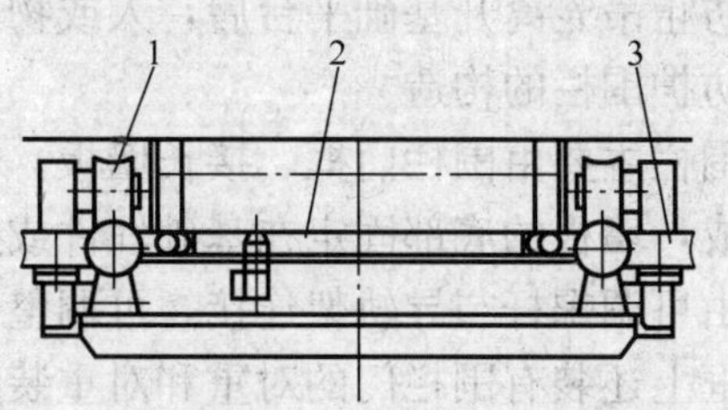

图 3—6　滚轮装置

1—正压轮　2—导轨架　3—侧滚轮

2. 吊笼的安全技术要求

（1）吊笼应设具有足够刚度的导向装置以防止脱落和卡住。

（2）吊笼上最高一对安全钩应处于最低驱动齿轮之下。

(3) 吊笼上的安全装置和各类保护措施，不仅在正常工作时起作用，在安装、拆卸、维护时也应起作用。

(4) 吊笼的驾驶室应有良好的视野和足够的空间。

(5) 吊笼底板应能防滑、排水，在 0.1 m×0.1 m 区域内能承受静载 1.5 kN 或额定载重量的 25%而无永久变形。

(6) 吊笼门应装机械锁钩，以保证运行时不会自动打开。

(7) 应有防止吊笼驶出导轨的措施。

(8) 吊笼门应设有电气安全开关。当门未完全关闭时，该开关应有效切断控制回路电源，使吊笼停止或无法启动。

四、底架、地面防护围栏与层门

1. 底架

底架是安装施工升降机导轨架及围栏等构件的机架。底架应能承受施工升降机作用在其上的所有载荷，并能有效地将载荷传递到支撑件基础表面。

2. 地面防护围栏

施工升降机的地面防护围栏是地面上包围吊笼的防护围栏，其主要作用是防止吊笼离开基础平台后，人或物进入基础平台。

(1) 地面防护围栏的构造

地面防护围栏主要由围栏门框、接长墙板、侧墙板、后墙板和围栏门等组成，墙板的底部固定在基础埋件或连接在基础底架上，前后墙板由可调螺杆与导轨架连接，可调整门框和墙板的垂直度。围栏门框上还装有围栏门的对重和对重装置，以及围栏门的机电联锁装置。

(2) 地面防护围栏的要求

1) 施工升降机的地面防护围栏设置高度应不低于 1.8 m，并应围成一周，围栏登机门的开启高度不应低于 1.8 m。

2) 对重应置于地面防护围栏之内。

3) SS 型货用施工升降机地面防护围栏的设置高度应不小于

1.5 m，围栏登机门的开启高度应不低于 1.8 m。

4）围栏登机门应具有电气安全开关和机械锁，只有在围栏登机门关好后施工升降机才能启动；吊笼位于底部规定位置时，围栏登机门才能开启。

5）防护围栏的结构和零部件应保持完整和完好。

3. 层门

（1）层门的作用与种类

在楼层的卸料平台上应设置层门，如图 3—7 所示，对卸料通道起安全保护作用。层门应用型钢做框架，封上钢丝网，并设有牢固可靠的锁紧装置。

图 3—7 层门

（2）层门的安装要求

1）层门的净宽度与吊笼进出口宽度之差不得大于 120 mm，层门的底部与卸料平台的距离不应大于 50 mm，层门不能凸出到吊笼的升降通道上。

2）正常情况下，关闭的吊笼门与层门间的水平距离不应大于 200 mm。

3）装载或卸载时，吊笼门与卸料平台边缘的水平距离不应大于 50 mm。

4）全高度层门打开后的净高度不应小于 2.0 m。在特殊情况下，净高度不应小于 1.8 m。

5）高度降低的层门的高度不应小于 1.1 m。层门与正常工作的吊笼运动部件的安全距离不应小于 0.85 m，如果额定提升速度不大于 0.7 m/s，安全距离可为 0.50 m。

6）高度降低的层门两侧应设置高度不小于 1.1 m 的护栏，护栏的中间应设横杆，踢脚板高度不小于 100 mm。吊笼与侧面围栏的间距不应小于 100 mm。

（3）层门的安全技术要求

1）施工升降机的每一个登机处应设置层门。

2）层门不得向吊笼通道开启，封闭式层门上应设有视窗。

3）水平或垂直滑动的层门应有导向装置，其运动应由挡块限位。

4）人货两用施工升降机机械传动层门的开、关过程应由笼内乘员操作，不得受吊笼运动的直接控制。

5）层门应与吊笼的电气或机械开关联锁，当吊笼底板离某一卸料平台的垂直距离在 0.25 m 以内时，该平台的层门方可打开。

6）层门锁止装置应安装牢固，紧固件应有防松装置，所有锁止元件的嵌入深度不应小于 7 mm。

7）层门的结构和所有零部件都应完整和完好，安装牢固可靠，活动部件灵活。层门的强度应符合相关标准。

五、对重系统

1. 天轮架

带对重的施工升降机由于连接吊笼与对重的钢丝绳需要经过

一个定滑轮而工作，因此，需要设置天轮架。天轮架一般有固定式和开启式两种。图 3—8 所示为 SC 型施工升降机天轮架。

a)　　　　b)

图 3—8　SC 型施工升降机天轮架

a）固定式　b）开启式

（1）固定式天轮架

固定式天轮架是用型钢加工的滑轮架，两个滑轮固定在天轮架上部，滑轮上有防脱绳装置。使用时架设在导轨架的顶部，施工升降机在安装或升节时要整体吊装或取下。其特点是套架结构加工简单，缺点是操作复杂。

（2）开启式天轮架

开启式天轮架是把天轮架的一端铰接在导轨架顶部的联系梁上，另一端为可开启的形式。当导轨架需要升降节时，天轮架在两个吊笼的支撑下打开联系梁，将标准节直接吊入天轮架内或吊下来，不需要将天轮架取下。其特点是套架结构加工比较复杂，但操作方便。

2. 对重

对重是对吊笼起平衡作用的重物。施工升降机的对重一般为长方形铸件或由钢材制作成的箱形结构，在两端安装有导向滚轮和防脱轨装置，上端由绳耳与钢丝绳连接，通过钢丝绳的牵引，在导轨架的对重导轨内上下运行。

3. 对重钢丝绳

SC 型人货两用施工升降机悬挂对重的钢丝绳不得少于两根，

且应相互独立。每绳的安全系数不应小于 6，直径不应小于 9 mm。SC 型货用施工升降机悬挂对重的钢丝绳为单绳时，安全系数不应小于 8。

4. 对重系统安全技术要求

（1）当吊笼底部碰到缓冲弹簧时，对重上端与天轮架的下端应有 500 mm 的安全距离。

（2）当吊笼上升到施工升降机上部碰到上限位碰块后，吊笼停止运行时，吊笼的顶部与天轮架的下端应有 1.8 m 的安全距离。

（3）天轮架滑轮的名义直径与钢丝绳直径之比不应小于 30。

（4）滑轮应有防止钢丝绳脱槽装置，该装置与滑轮外缘的间隙不应大于钢丝绳直径的 20%，且不大于 3 mm。

（5）钢丝绳绳头应采用可靠的连接方式，接头的强度不低于钢丝绳强度的 80%。

（6）天轮架的结构和零部件应保持完整和完好。

（7）吊笼不能作为对重。

（8）对重两端的滑靴、导向滚轮和防脱轨保护装置应保持完整和完好。

（9）若对重使用填充物，应采取措施防止其窜动。

（10）对重应根据有关规定的要求涂成警告色。

（11）对重和钢丝绳的连接应符合相应规定。

（12）当悬挂使用两根或两根以上相互独立的钢丝绳时，应设置自动平衡钢丝绳张力装置。当单根钢丝绳过分拉长或破坏时，电气安全装置应停止吊笼的运行。

（13）为防止钢丝绳被腐蚀，应镀锌或涂抹适当的保护化合物。

（14）钢丝绳应尽量避免反向弯曲的结构布置。需要储存预留钢丝绳时，所用接头或附件不应对以后投入使用的钢丝绳截面产生损伤。

（15）多余钢丝绳应缠绕在卷筒上，其弯曲直径不应小于钢丝绳直径的 15 倍。

（16）当过多的剩余钢丝绳储存在吊笼顶上时，应有限制吊笼超载的措施。

六、电缆防护装置

1. 电缆防护装置的组成和作用

电缆防护装置一般由电缆进线架、电缆导向架和电缆储筒（见图 3—9）组成。当施工升降机架设超过一定高度时，还应使用电缆滑车，如图 3—10 所示。电缆导向架是用以防止随行电缆缠挂并引导其准确进入电缆储筒的装置，是为了保护电缆而设置的。

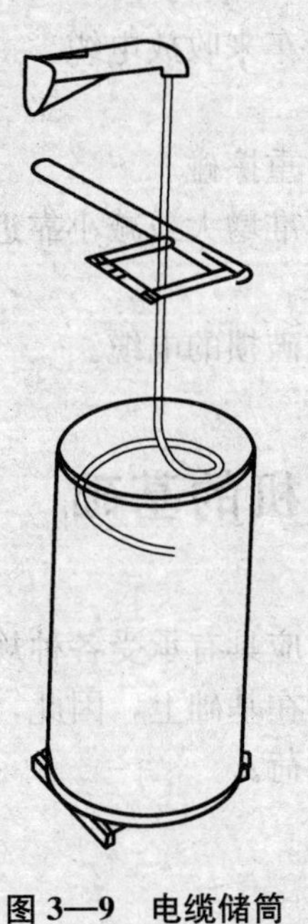

图 3—9　电缆储筒

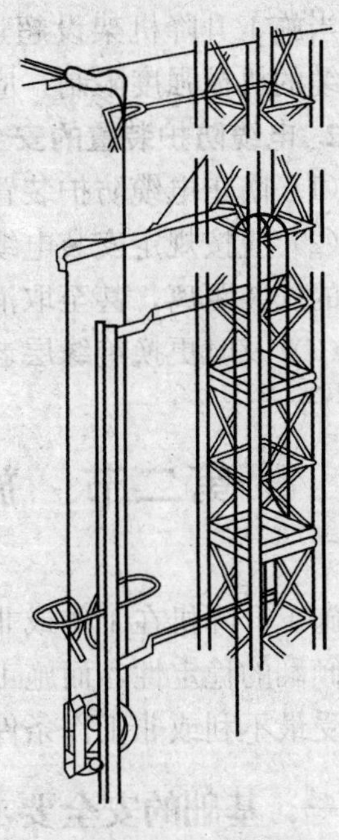

图 3—10　电缆滑车

当施工升降机运行时使电缆始终置于电缆导向架的护圈之中，防止电缆与附近的设施或设备缠绕而发生危险。

电缆导向架设置的一般原则为在电缆储筒口上方 1.5 m 处安装第一道导向架，第二道导向架安装在第一道上方 3 m 处，第三道导向架安装在第二道上方 4.5 m 处，第四道导向架安装在第三道上方 6 m 处，以后每道安装间隔为 6 m。

电缆储筒是用来储放电缆的部件。当施工升降机向上运行时，吊笼带动电缆从电缆储筒内释放出来；当施工升降机向下运行，电缆缓缓盘入电缆储筒内，防止电缆散乱在地上造成损坏。

电缆进线架是引导电缆进入吊笼的装置，同时也是拖动电缆在上下运行时安全地通过电缆护圈的臂架。另外，电缆进线架能将电缆对准电缆储筒，使电缆安全地收放。

当施工升降机架设超过一定高度，一般为 100～150 m 时，受电缆的机械强度限制，应采用电缆滑车来收放电缆。

2. 电缆防护装置的安全技术要求

（1）防止电缆防护装置与吊笼、对重擦碰。

（2）应按规定安装电缆导向架，不准增大或减小靠近电缆储筒口的安装距离，甚至取消电缆导向架。

（3）及时更换绝缘层老化、腐朽或破损的电缆。

第二节 施工升降机的基础

施工升降机在工作或非工作状态均应具有承受各种规定载荷而不倾翻的稳定性，而施工升降机设置在基础上，因此，基础应能承受最不利或非工作条件下的全部载荷。

一、基础的安全要求

（1）基础周围应设置排水设施。

（2）基础周围 5 m 范围内不准开挖深沟。

（3）基础周围 30 m 范围内不得进行对基础有较大振动的施工。

二、基础的形式和构筑

1. 基础形式

如图 3—11 所示，施工升降机基础一般分为三种形式：

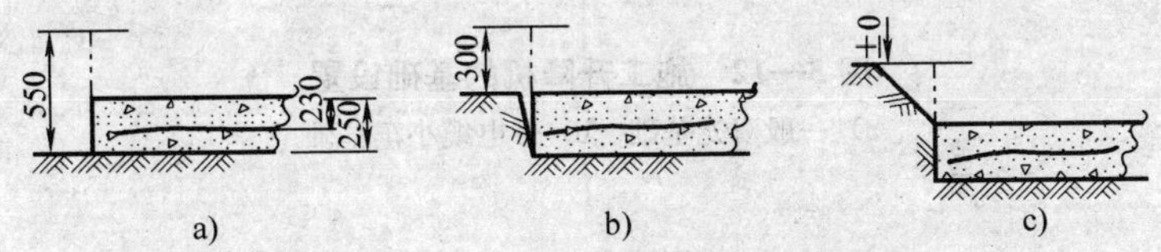

图 3—11 施工升降机基础形式示意图

（1）基础上平面高于地面，不会积水，但上料门槛较高。

（2）基础上平面与地面持平，不易积水，但上料门槛较低。

（3）基础上平面低于地面，易积水，但可以不设上料门槛。

2. 基础的构筑

如图 3—12 所示，施工升降机的基础设置有两种类别。基础的构筑应根据使用说明书或工程施工要求进行选择或重新设计。基础一般由钢筋混凝土浇筑而成，厚度为 350 mm，内设双层筋网。钢筋网由 ϕ10～12 mm 钢筋间隔 250 mm 组成，钢筋等级选用 HRB335，混凝土强度等级不低于 C30。

基础下土壤的承载力一般应大于 0. 15 MPa。混凝土基础表面的平面度误差应控制在 5 mm 之内。在浇筑过程中，如果混凝土基础不是采用预留孔二次浇捣的，则应在基础内预埋底脚架和预埋螺栓，底脚架预埋时应把底脚架的预埋螺栓尾钩绑扎在基础钢筋上，底脚架四个螺栓应在一个平面内，误差应控制在 1 mm 之内，安装时按规定力矩拧紧，预埋件之间的中心距误差应控制在 5 mm 之内。

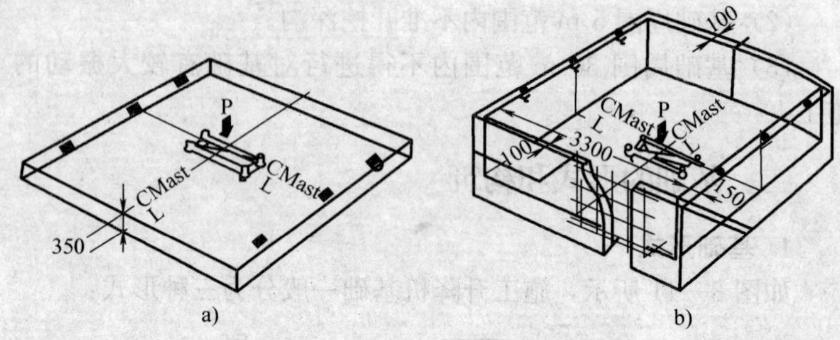

图 3—12　施工升降机的基础设置

a）一般双笼基础　b）带电缆小车基础

第三节　施工升降机的驱动装置

一、齿轮齿条式施工升降机的驱动装置

1. 构造及工作原理

齿轮齿条式施工升降机的传动机构一般有外挂式和内置式两种，按传动机构的配置数量有二驱动和三驱动之分。

齿轮齿条式传动示意图如图 3—13 所示，导轨架上固定的齿条和吊笼上的传动齿轮啮合，传动机构通过电动机、减速器和传动齿轮转动，使吊笼作上升、下降运动。

图 3—13　齿轮齿条式传动示意图

为保证传动方式的安全有效，首先应确保传动齿轮和齿条的正确啮合。因此，在齿条的背面设置两套背轮，通过调节背轮使传动齿轮和齿条的啮合间隙符合要求。另外，在齿条的背面还设置了两个限位挡块，确保在紧急情况下传动齿轮不会脱离齿条。

2. 电动机

施工升降机传动机构的电动机绝大多数是 YZEJ—A132M—4 起重用盘式制动三相异步电动机。该电动机尾部设有直流制动装置，制动部位的电磁铁随制动片（制动盘）的磨损能自动补偿，无须人为调整制动间隙，具有噪声低，启动、制动平缓，冲击力小等特点。

（1）电动机工作条件

1）环境温度不超过 40℃。

2）海拔不超过 1 000 m。

3）环境空气相对湿度不超过 85％。

（2）电动机主要技术参数

电动机主要技术参数见表 3—2。

表 3—2　　电动机主要技术参数

<table>
<tr><th>型号</th><th>额定电压（V）</th><th>额定频率（Hz）</th><th>负载持续率（％）</th><th>额定功率（kW）</th><th>额定转速（r/min）</th><th>额定电流（A）</th><th>制动器电压（V）</th><th>制动力矩（N·m）</th></tr>
<tr><td rowspan="4">YZEJ—A132M—4</td><td rowspan="4">380</td><td rowspan="4">50</td><td>连续</td><td>8.5</td><td>1 410</td><td>19</td><td rowspan="4">196</td><td rowspan="4">120</td></tr>
<tr><td rowspan="3">40</td><td>11</td><td>1 390</td><td>23</td></tr>
<tr><td>16.5</td><td>1 410</td><td>37</td></tr>
<tr><td>18.5</td><td>1 396</td><td>41</td></tr>
</table>

3. 电磁制动器

（1）构造

电磁制动器的制动部分是由保持制动电磁铁与衔铁间恒定间隙的具有跟踪调整功能的直流盘形制动器组成，如图 3—14

所示。

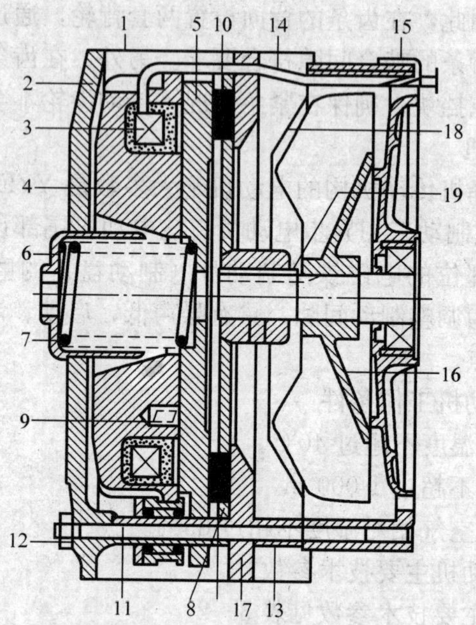

图 3—14　电磁制动器结构示意图

1—电动机防护罩　2—端盖　3—电磁线圈　4—磁铁架　5—衔铁　6—调整轴套　7—制动器弹簧　8—可转制动盘　9—压缩弹簧　10—制动垫片　11—螺栓　12—螺母　13—套圈　14—线圈电线　15—电线夹　16—风扇　17—固定制动盘　18—风扇罩　19—键

（2）工作原理

在电动机未接通电源时，由于制动器弹簧 7 通过衔铁 5 压紧可转制动盘 8，带动制动垫片（制动块）10 与固定制动盘 17，电动机处于制动状态。当电动机通电时，电磁线圈 3 产生磁场，通过磁铁架 4，衔铁 5 逐步吸合，可转制动盘 8 带制动垫片 10 渐渐摆脱制动状态，电动机逐步启动运转。电动机断电时，由于电磁铁磁场释放的制约作用，衔铁通过弹簧的作用逐步增加对制动垫片的压力，使制动力矩逐步增大，达到电动机平缓制动的效果，减小施工升降机的冲击振动。

当制动盘与制动垫片磨损到一定程度时，必须更换，如图3—15所示。

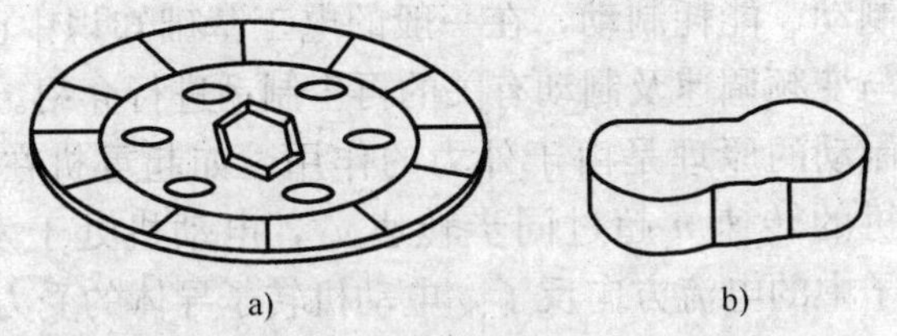

a)　　b)

图3—15　制动盘与制动垫片

a）制动盘　b）制动垫片

（3）手动紧急下降操作

施工升降机如果突然失去动力或控制失效，在无法重新启动时，可进行手动紧急下降操作，如图3—16所示，使吊笼下滑到下一停靠点，使乘员和司机安全离开吊笼。

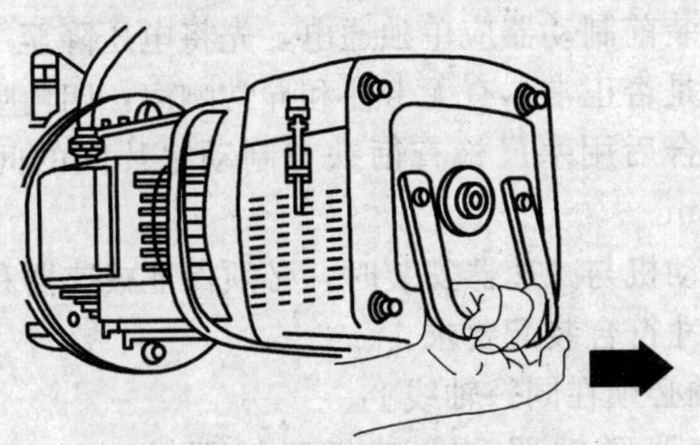

图3—16　手动紧急下降操作

手动紧急下降操作时，将电动机尾部制动电磁铁手动释放拉手（环）缓缓向外拉出，使吊笼慢慢地下降。吊笼下降时，不能超过安全器的标定动作速度，否则，会引起安全器动作。吊笼的最大紧急下降速度不应超过0.63 m/s，每下降20 m距离后，应停止1 min，让制动器冷却后再行下降，以防止因过热而损坏制动器。手动紧急下降必须由专业人员进行操作。

（4）电动机的电气制动

电动机的电气制动可分为反接制动、能耗制动和再生制动。对于反接制动、能耗制动，在一般的电工基础知识中已有介绍，以下针对与变频调速及制动有关的再生制动进行介绍。

再生制动的原理是由于外力的作用，如起重机在下放重物时，电动机的转速 n 超过同步转速 n_1，电动机处于发电状态，电动机定子中的电流方向反了，电动机转子导体的受力方向也反了，驱动转矩变为制动转矩，即电动机将机械能转化为电能，向电网反馈输电，因此称为再生制动（发电制动），这种制动只有当 $n>n_1$ 时才能实现。

再生制动的特点不是把转速下降到零，而是使转速受到限制，因此，不仅不需要任何设备装置，还能向电网输电，经济性较好。

4. 电动机与电磁制动器的安装要求

（1）安装前制动器应单独通电，先将电压降至 150 V，检查吸合和释放是否正常，有无卡住和异常响声，四角吸合和释放是否一致。吸合后用塞尺检查衔铁与制动垫片间的间隙，一般为 0.5～0.7 mm。

（2）电动机与减速器安装时，必须保证减速器和联轴器的安装形式、尺寸符合装配要求。

1）两轴必须在同一轴线上。

2）减速器联轴器和电动机联轴器相对端面间隙为 3～5 mm。

3）联轴器与电动机安装时，严禁敲击过猛，防止损坏电动机后端盖。

5. 电动机与制动器的安全技术要求

（1）启用新电动机或长期不用的电动机时，需要用兆欧表测量电动机绕组间的绝缘电阻，其绝缘电阻应不低于 0.5 MΩ，否则，应做干燥处理后方可使用。

（2）电动机在额定电压偏差±5%的情况下，直流制动器在直流电压偏差±15%的情况下，仍然能保证电动机和直流制动器正常运转和工作。当电压偏差大于额定电压的10%时，应停止使用。

（3）施工升降机不得在正常运行中突然反向运行。

（4）在使用中，当发现振动、过热、焦味、异常响声等反常现象时，应立即切断电源，排除故障后才能继续使用。

（5）当制动器的制动盘摩擦材料单面厚度磨损到接近1 mm时，必须更换制动盘。

（6）电动机在额定载荷下运行时，若制动力矩太大或太小，应进行调整。

6. 蜗轮减速器

（1）蜗轮减速器的组成

蜗轮减速器（见图3—17）主要由蜗杆、蜗轮以及箱壳、输出轴、轴承、密封件等零件组成。蜗杆一般由合金钢制成，蜗轮一般由铜合金制成。

蜗轮副的失效形式主要是胶合，所以在使用中蜗轮减速箱内要按规定保持一定量的油液，要防止缺油和发热。

（2）蜗轮减速器的润滑

新出厂的蜗轮减速器应防止漏油，运行一定时间后，应按说明书要求更换润滑油。减速器的油液一般使用N320蜗轮油，其运动黏度在40℃时为288～352 mm^2/s，或按说明书要求使用规定的油液，不得随意使用其他油液。

使用中，减速器的油液温升不得超过60℃，否则，会造成油液的黏度急剧下降，使减速器漏油，使蜗轮、蜗杆啮合时不能很好地形成油膜，造成胶合，长时间作用会使蜗轮副失效。

7. 齿轮与齿条

提升齿轮副是SC型施工升降机的主要传动机构。齿轮安装在蜗轮减速器的输出端轴上，齿条则安装在导轨架的标准节上。其安装使用要求如下：

（1）标准节上的齿条应连接牢固，相邻标准节的两齿条对接处，沿齿高方向的阶差不大于 0.3 mm，沿长度方向的齿距偏差不大于 0.6 mm。

（2）齿轮与齿条啮合时的接触长度沿齿高不小于 40%，沿齿长不小于 50%，齿面侧间隙应在 0.2～0.5 mm，如图 3—18 所示。

图 3—17　蜗轮减速器

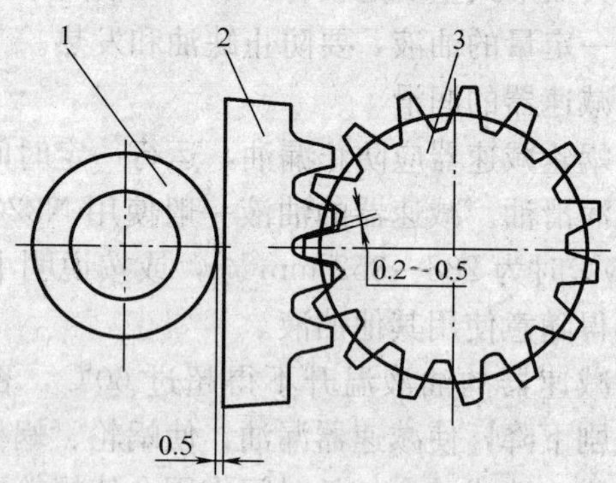

图 3—18　齿轮、齿条和背轮装配示意图

1—背轮　2—齿条　3—齿轮

（3）由于提升齿轮副的安装载体不同，当啮合传动时，啮合力分解出的径向力将使齿轮副分离，造成吊笼失去悬挂的状态。因此，在齿条的背面应设置一对背轮，背轮沿齿条背面滚动，当需要调整提升齿轮副的啮合间隙时，仅需将背轮的偏心轴回转某一角度即可。

（4）齿条和所有驱动齿轮、防坠安全器齿轮应正确啮合。齿条节线和与其平行的齿轮节圆切线重合或距离不超出模数的1/3。当前述措施失效时，应进一步采取其他措施，保证其距离不超出模数的 2/3。

（5）应采取措施防止异物进入驱动齿轮和防坠安全器齿轮的啮合区间。

二、钢丝绳式施工升降机的驱动装置

钢丝绳式施工升降机的驱动机构一般采用卷扬机或曳引机。货用施工升降机通常采用卷扬机驱动，人货两用施工升降机通常采用曳引机驱动，其提升速度不大于 0.63 m/s 时，也可采用卷扬机驱动。

1. 卷扬机

卷扬机具有结构简单、成本低廉的特点。但与曳引机相比很难实现多根钢丝绳独立牵引，且容易发生乱绳、脱绳和挤压等现象，其安全可靠性较低，因此多用于货用施工升降机。

2. 曳引机

（1）曳引机的构造及工作原理

如图 3—19 所示，曳引机主要由电动机、减速器、制动器、联轴器、曳引轮、机架等组成。曳引机可分为无齿轮曳引机和有齿轮曳引机两种，施工升降机一般都采用有齿轮曳引机。为了减小曳引机运动时的噪声和提高平稳性，一般采用蜗杆副作减速传动装置。

曳引机驱动施工升降机是利用钢丝绳在曳引轮绳槽中的摩擦

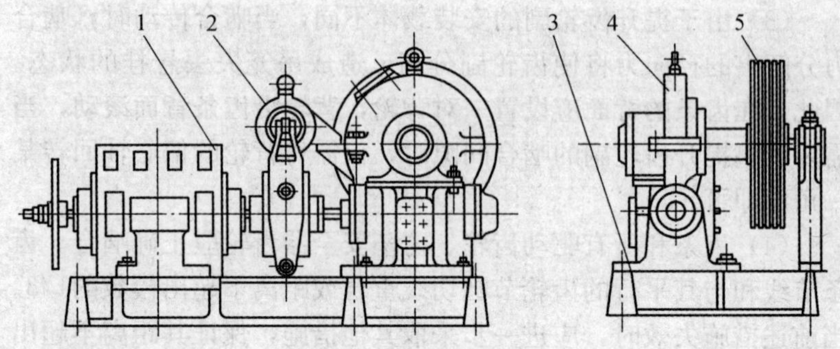

图 3—19 曳引机的结构

1—电动机 2—制动器、联轴器 3—机架 4—减速器 5—曳引轮

力来带动吊笼升降。曳引机的摩擦力是由钢丝绳压紧在曳引轮绳槽中而产生的，压力越大，摩擦力越大；曳引力大小还与钢丝绳在曳引轮上的包角有关系，包角越大，摩擦力也越大，因而施工升降机必须设置对重。

（2）曳引机的特点

1）一般为 4～5 根钢丝绳独立并行曳引，因而同时发生钢丝绳断裂造成吊笼坠落的概率很小。但钢丝绳的受力调整比较麻烦，钢丝绳磨损比卷扬机大。

2）对重着地时，钢丝绳将在曳引轮上打滑，即使在上限位开关失效的情况下，吊笼一般也不会发生冲顶事故，但吊笼不能提升。

3）钢丝绳在曳引轮上始终是绷紧的，因此不会脱绳。

4）吊笼的部分质量由对重平衡，可以选择较小功率的曳引机。

3. 驱动装置的安全技术要求

（1）卷扬机和曳引机正常工作时，其机外噪声不应大于 85 dB（A），操作者耳边噪声不应大于 88 dB（A）。

（2）卷扬机驱动仅允许用于钢丝绳式无对重货用施工升降

机，及吊笼额定提升速度不大于 0.63 m/s 的人货两用施工升降机。

(3) 人货两用施工升降机驱动吊笼的钢丝绳不应少于两根，且应相互独立。钢丝绳的安全系数不应小于 12，钢丝绳直径不应小于 9 mm。

(4) 货用施工升降机驱动吊笼的钢丝绳允许用一根，其安全系数不应小于 8。额定载重量不大于 320 kg 的施工升降机，钢丝绳直径不应小于 6 mm；额定载重量大于 320 kg 的施工升降机，钢丝绳直径不应小于 8 mm。

(5) 人货两用施工升降机采用卷筒驱动时，钢丝绳只允许绕一层，若使用自动绕绳系统，允许绕两层；货用施工升降机采用卷筒驱动时，允许绕多层，多层缠绕时，应有排绳措施。

(6) 当吊笼停止在最低位置时，留在卷筒上的钢丝绳不应少于 3 圈。

(7) 卷筒两侧边缘超出最外层钢丝绳的高度不应小于钢丝绳直径的两倍。

(8) 曳引机驱动施工升降机时，当吊笼或对重停止在被其质量压缩的缓冲器上时，提升钢丝绳不应松弛。当吊笼超载 25% 并以额定提升速度上下运行和制动时，钢丝绳在曳引轮绳槽内不应产生滑动。

(9) 人货两用施工升降机的驱动卷筒应开槽，卷筒绳槽应符合下列要求：

1) 绳槽轮廓应为大于 120°的弧形，槽底半径 R 与钢丝绳半径 r 的关系应为 $1.05r \leqslant R \leqslant 1.075r$。

2) 绳槽的深度不小于钢丝绳直径的 1/3。

3) 绳槽的节距应大于或等于钢丝绳直径的 1.15 倍。

(10) 人货两用施工升降机的驱动卷筒节径与钢丝绳直径之比不应小于 30。对于 V 形或底部切槽的钢丝绳曳引轮，其节径与钢丝绳直径之比不应小于 31。

（11）货用施工升降机的驱动卷筒节径、曳引轮节径、滑轮直径与钢丝绳直径之比不应小于 20。

（12）制动器应是常闭式，其额定制动力矩，对人货两用施工升降机，不低于作业时制动力矩的 1.75 倍；对货用升降机，不低于作业时制动力矩的 1.5 倍。不允许使用带式制动器。

（13）人货两用施工升降机钢丝绳在驱动卷筒上的绳端应采用楔形装置固定，货用施工升降机钢丝绳在驱动卷筒上的绳端可采用压板固定。

（14）卷筒或曳引轮应有钢丝绳防脱装置，该装置与卷筒或曳引轮外缘的间隙不应大于钢丝绳直径的 20%，且不大于 3 mm。

第四节　施工升降机的安全装置

一、齿轮齿条式施工升降机的安全装置

齿轮齿条式施工升降机的安全装置主要有防坠安全器、安全钩、安全开关、缓冲装置和超载保护装置等。

1. 防坠安全器

防坠安全器按制动特点分为渐进式安全器、瞬时式安全器两种类型。

2. 安全开关

安全开关是施工升降机中使用比较多的一种安全防护开关，主要包括电气安全开关和机械联锁开关。

（1）电气安全开关

主要包括上下限位开关、极限开关、减速开关、防松绳开关、各类门安全开关等。

（2）机械联锁开关

主要包括围栏门、吊笼门机械联锁开关。

二、钢丝绳式施工升降机的安全装置

钢丝绳式施工升降机的安全装置主要包括防坠安全装置、安全钩、安全开关、缓冲装置和超载保护装置等。

人货两用施工升降机使用的防坠安全装置兼有防坠和限速双重功能，货用施工升降机使用的防坠安全装置由断绳保护装置和停层防坠落装置两部分组成。

第五节　电气系统

一、齿轮齿条式施工升降机的电气系统

1. 电气系统的组成

电气系统主要分为主电路、主控制电路和辅助电路。图 3—20 所示为双驱动施工升降机电气原理图，其电气元件的符号、名称见表 3—3。

（1）主电路

主电路主要由电动机、断路器、热继电器、电磁制动器、相序和断相保护器等电气元件组成。

（2）主控制电路

主控制电路主要由断路器、按钮、交流接触器、控制变压器、安全开关、急停按钮和照明灯等电气元件组成。

（3）辅助电路

辅助电路一般有加节控制电路、防坠试验控制电路和吊杆控制电路等。

1）加节控制电路由插座、按钮和操纵盒等电气元件组成。

2）防坠试验控制电路由插座、按钮和操纵盒等电气元件组成。

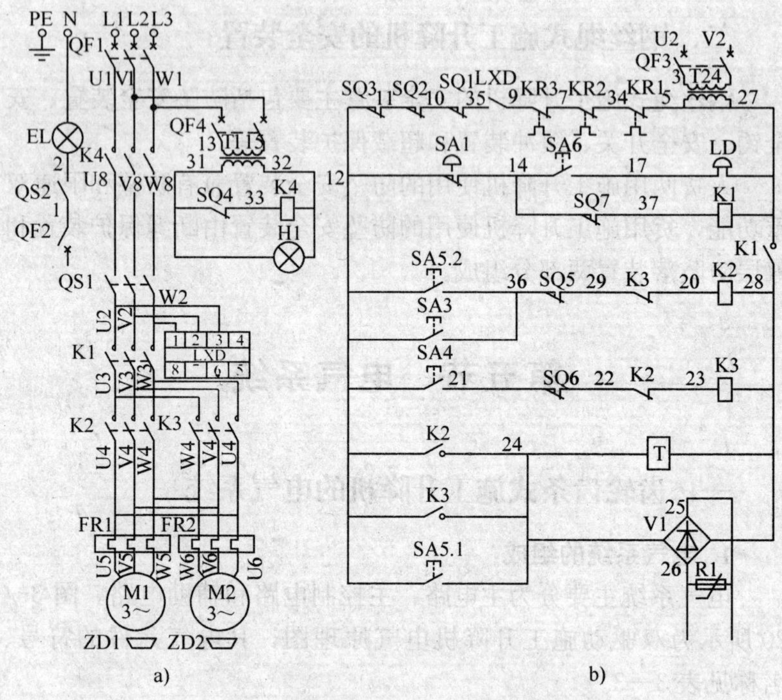

图 3—20　双驱动施工升降机电气原理图

a）主电路　b）主控制电路

3）吊杆控制电路主要由插座、熔断器、按钮、吊杆操纵盒和盘式电动机等电气元件组成。

表 3—3　　施工升降机电气元件的符号、名称

序号	符号	名称	备注
1	QF1	低压断路器	电路总开关
2	QS1	极限开关	
3	LD	电铃	～220 V
4	JXD	相序和断相保护继电器	
5	QF2	高分断小型断路器	

续表

序号	符号	名称	备注
6	QF3 QF4	断路器	
7	FR1 FR2	热继电器	
8	M1 M2	电动机	
9	ZD1 ZD2	电磁制动器	
10	QS2	按钮	灯开关
11	V1	整流桥	
12	R1	压敏电阻	
13	SA1	急停按钮	急停开关
14	SA3	按钮	上升按钮
15	SA4	按钮	下降按钮
16	SA5	按钮盒	防坠试验
17	SA6	电铃按钮	
18	H1	信号灯	～220 V
19	SQ1	安全开关	吊笼门
20	SQ2	安全开关	吊笼门
21	SQ3	安全开关	天窗门
22	SQ4	安全开关	防护围栏门
23	SQ5	安全开关	上限位
24	SQ6	安全开关	下限位
25	SQ7	安全开关	安全器
26	EL	防潮吸顶灯	～220 V
27	K1、K2、K3、K4	交流接触器	～220 V
28	T1	控制变压器	220 V/380 V
29	T2	控制变压器	220 V/380 V

2. 电气元件的功能

(1) 施工升降机采用 380 V、50 Hz 三相交流电源，由工地配备施工升降机专用电箱，接入电源到施工升降机开关箱，L1、L2、L3 为三相电源，N 为零线，PE 为接地线。

(2) EL 为 220 V 防潮吸顶灯，由 QF2 高分断小型断路器和 QS2 灯开关控制，如图 3—20a 所示。

(3) QF1 为电路总开关。K4 为总电源交流接触器，其控制电路由 QF4 断路器、T1 控制变压器（380 V/220 V）、SQ4 防护围栏门安全开关、H1 信号灯组成。当施工升降机防护围栏门打开后，SQ4 断开，K4 失电，接触器触点断开动力电源和控制电源，施工升降机不能启动或停止运行，如图 3—20a 所示。

(4) QS1 为极限开关，当施工升降机运行时越程，并触动极限开关时，QS1 动作，切断动力电源和控制电源，施工升降机不能启动或停止运行，如图 3—20a 所示。

(5) JXD 为相序和断相保护继电器，当电源发生断相、错相时，JXD 就切断控制电路，施工升降机不能启动或停止运行，如图 3—20a 所示。

(6) K1 为主电源交流接触器，K2 和 K3 为上下行交流接触器，FR1、FR2 为热继电器，当电动机 M1、M2 过热时，FR1、FR2 触点断开控制电路，施工升降机不能启动或停止运行，如图 3—20a 所示。

(7) 吊笼门和天窗安全控制电路由 T2 控制变压器（380 V/220 V）及相关电气元件组成，SQ1、SQ2、SQ3 分别为吊笼门和天窗门安全开关，当上述门打开时，控制电路失电，施工升降机不能启动或停止运行，如图 3—20b 所示。

(8) SA6 为电铃按钮，LD 为电铃。SA1 为急停开关，SQ7 为安全开关，当上述两开关动作时，K1 失电，K1 主触点断开动力电路。K1 辅助触点断开控制电路，施工升降机不能启动或停止运行，如图 3—20b 所示。

(9) SA3 为上升按钮，SA5.2 为吊笼防坠试验前施工升降机上升按钮，SA4 为下降按钮，SQ5 和 SQ6 分别为吊笼上限位和下限位安全开关，T 为计时器，如图 3—20b 所示。

（10）SA5.1 为吊笼防坠试验按钮，当 SA5.1 按钮接通后，通过 V1 整流桥使电磁制动器 ZD1、ZD2 得电松闸，吊笼自由下落，如图 3—20a 所示。

二、钢丝绳式施工升降机的电气系统

（1）钢丝绳式施工升降机采用 380 V、50 Hz 三相交流电源。由工地配备专用电箱，接入电源到施工升降机开关箱，L1、L2、L3 为三相电源，N 为零线，PE 接地线。

（2）电路总开关采用具有漏电、过载、短路保护功能的漏电断路器。

（3）采用相序和错相保护继电器，当电源发生断相、错相时，就切断控制电路，施工升降机不能启动或停止运行。

（4）采用热继电器，当电动机发热超过一定温度时，热继电器就及时分断主电路，电动机失电停止转动。

（5）合上电源断路器，上行控制过程：按上行按钮，电动机启动，升降机上行。

（6）停止时，按下停止按钮，整个控制电路失电，主触点分断，主电动机失电停止转动。

（7）失压保护，电路若中途发生停电失压，恢复来电时不会自动工作，只有当重新按压上升按钮，电动机才会工作。

三、变频调速施工升降机的电气系统

1. 变频器调速的工作原理

三相交流异步电动机变频调速是通过改变电动机电源的频率来进行的。变频调速有恒磁通调速、恒电流调速和恒功率调速三种调速方法。恒磁通调速又称恒转矩调速，是将转速向额定转速以下调节，其应用最广。恒电流调速时，过载能力较小，用于负载容量小且变化不大的场合。恒功率调速用于调节转速要高于额定转速，而电源电压又不能提高的场合。

变频调速具有质量轻、体积小、惯性小、效率高等优点。

2. 变频器的安全使用要点

变频器在工作中会产生高温、高压和高频电波，使用中施工升降机制造单位和维修人员原则上必须按说明书的规定严格做好防护措施。

（1）变频器在电控箱中的安装与周围设备必须保持一定距离，以利于通风散热，一般上下和后部应留有足够间隙。

（2）外接电阻箱会产生高温，一般应当与电控箱分开安装，运行中不要轻易用手去触摸它的外壳，防止烫伤。

（3）变频器在运行中，在电容器放电信号灯未熄灭时，切勿打开变频器外罩和接触接线端子等，防止电击伤人。

（4）变频器接地必须正确、可靠，有条件时设置专用接地装置。

（5）为防止电磁感应产生冲击干扰，电路中感性线圈载荷，如继电器线圈等，应在发生源两端连接冲击吸收器，如图 3—21 所示。

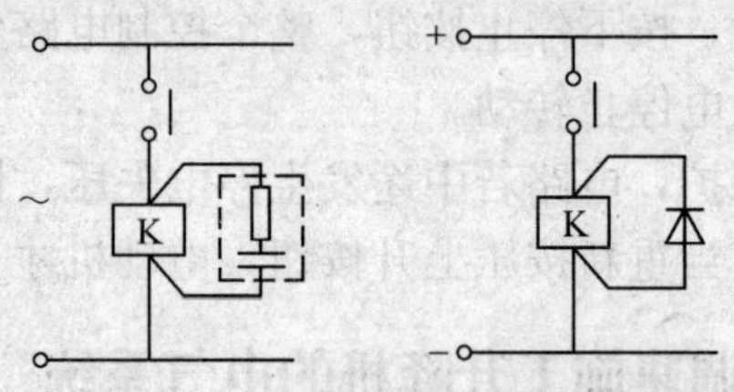

图 3—21　线圈加接冲击吸收器

（6）如发生变频器对其他设备信号、控制线产生干扰时，可根据说明书要求采取措施或对变频器输出电路进行电磁屏蔽，以减少干扰影响，如图 3—22 所示。

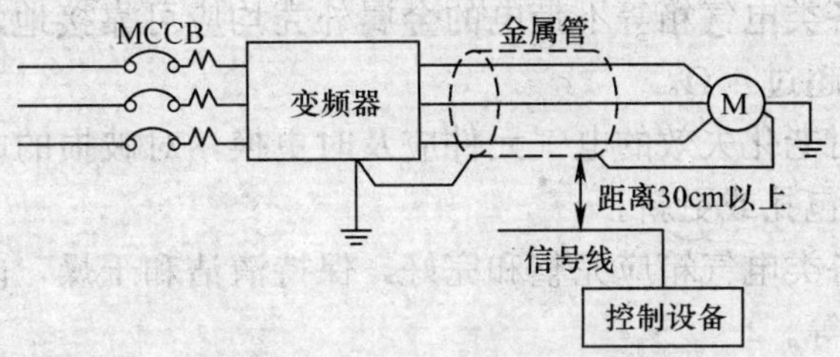

图 3—22　电磁屏蔽抗干扰示意图

四、电气箱

（1）电气控制箱是施工升降机电气系统的心脏部分，内部主要安装有上、下运行交流接触器、热继电器以及相序和错相保护继电器等。电气控制箱安装在吊笼内部。

（2）电气控制操纵台是操纵施工升降机运行的部分，它主要由电锁、万能转换开关、急停按钮、加节按钮、电铃按钮、指示灯等组成，一般也安装在吊笼内部。图 3—23 所示为两种形式的电气控制操纵台。

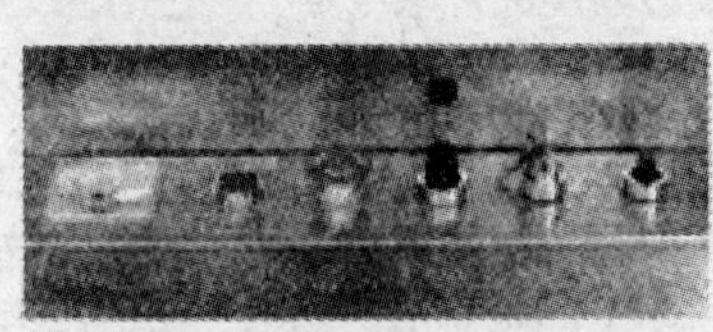
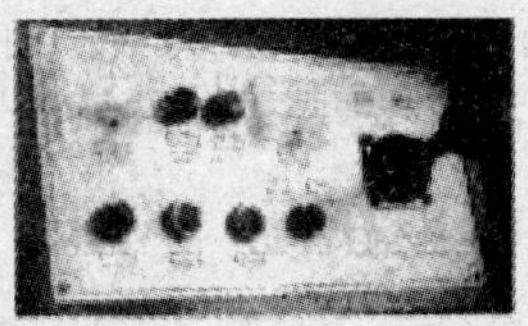

图 3—23　电气控制操纵台

（3）电源箱是施工升降机的电源供给部分，主要由低压断路器、熔断器等组成。

（4）电气箱的安全技术要求：

1）施工升降机各类电路的接线应符合出厂时的技术规定。

2）电气元件的对地绝缘电阻应不小于 0.5 MΩ，电气线路对地绝缘电阻应不小于 1 MΩ。

3）各类电气箱等不带电的金属外壳均应可靠接地，其接地电阻应不超过 4 Ω。

4）对老化失效的电气元件应及时更换，对破损的电缆和导线应予以包扎或更新。

5）各类电气箱应完整和完好，保持清洁和干燥，内部严禁堆放杂物等。

第四章

施工升降机的安全装置

第一节　电气安全开关

电气安全开关是施工升降机中使用比较多的一种安全防护开关。当施工升降机没有满足运行条件或在运行中出现不安全状况时，电气安全开关动作，施工升降机不能启动或自动停止运行。

一、电气安全开关的种类

施工升降机的电气安全开关大致可分为行程安全控制开关和安全装置联锁控制开关两大类。

1. 行程安全控制开关

行程安全控制开关的作用是当施工升降机的吊笼超越了允许运动的范围时，能自动停止吊笼运行，主要有上、下行程限位开关、减速开关和极限开关。

（1）限位开关

上、下限位开关安装在吊笼安全器底板上，当吊笼运行至上、下限位位置时，限位开关与导轨架上的限位碰块碰触，吊笼停止运行，当吊笼反方向运行时，限位开关自动复位。

（2）减速开关

变频调速施工升降机必须设置减速开关，当吊笼下降时在触发下行程限位开关前，应先触发减速开关，使变频器切断加速电路，以避免吊笼下降时冲击底座。

（3）极限开关

施工升降机必须设置极限开关，当吊笼在运行时如果上、下限位开关失效，超出限位碰块并越程后，极限开关需切断总电源使吊笼停止运行。极限开关应为非自动复位型开关，在其动作后必须手动复位才能使吊笼重新启动。在正常工作状态下，下极限开关碰块的安装位置应保证吊笼碰到缓冲器之前，极限开关首先动作。

2. 安全装置联锁控制开关

安全装置联锁控制开关的作用是当施工升降机出现不安全状态，触发安全装置动作后，能及时切断电源或控制电路，使电动机停止运转。该类电气安全开关主要有防松绳开关和防坠安全器安全开关两种。

（1）防松绳开关

1）施工升降机的对重钢丝绳绳数为两条时，钢丝绳组与吊笼连接的一端应设置张力均衡装置，并装有由相对伸长量控制的非自动复位型防松绳开关。当其中一条钢丝绳的相对伸长量超过允许值或断绳时，该开关将切断控制电路，同时制动器制动，使吊笼停止运行。

2）对重钢丝绳采用单根钢丝绳时，也应设置防松绳开关，当施工升降机出现松绳或断绳时，该开关应立即切断电动机控制电路，同时制动器制动，使吊笼停止运行。

（2）防坠安全器安全开关

防坠安全器动作时，设在安全器上的安全开关能立即将电动机控制电路断开，同时制动器制动。

二、安全技术要求

（1）电气安全开关必须安装牢固，不能松动。

（2）电气安全开关应完整和完好，紧固螺栓应齐全，不能缺少或松动。

(3) 电气安全开关的臂杆不能弯曲变形，防止安全开关失效。

(4) 每班都要检查极限开关的有效性，防止极限开关失效。

(5) 严禁用触发上、下限位开关来作为吊笼在最高层站和地面站停站的操作。

第二节　机械门锁

施工升降机的吊笼门、顶盖门、地面防护围栏门都装有机械电气联锁装置。各个门未关闭或关闭不严，电气安全开关将不能闭合，吊笼不能启动工作。吊笼运行中，门一旦被打开，吊笼的控制电路也将被切断，吊笼停止运行。

一、围栏门的机械联锁装置

围栏门应装有机械联锁装置，使吊笼只有位于地面规定位置时围栏门才能开启，且在门开启后吊笼不能启动，从而防止在吊笼离开基础平台后，人员误入基础平台造成事故。

如图 4—1 所示，围栏门的机械联锁装置由机械锁钩 1、压簧 2、销轴 3、支座 4 组成。整个装置由支座安装在围栏门框上。当吊笼停靠在基础平台上时，吊笼上的开门挡板压着机械锁钩的尾部，机械锁钩就离开围栏门，此时围栏门才能打开，而当围栏门打开时，电气安全开关作用，吊笼就不能启动；当吊笼运行离开基础平台时，机械锁钩在压簧的作用下扣住围栏门，围栏门就不能打开；如强行打开围栏门时，吊笼就会立即停止运行。

二、吊笼门的机械联锁装置

吊笼设有进料门和出料门，进料门一般为单行门，出料门一

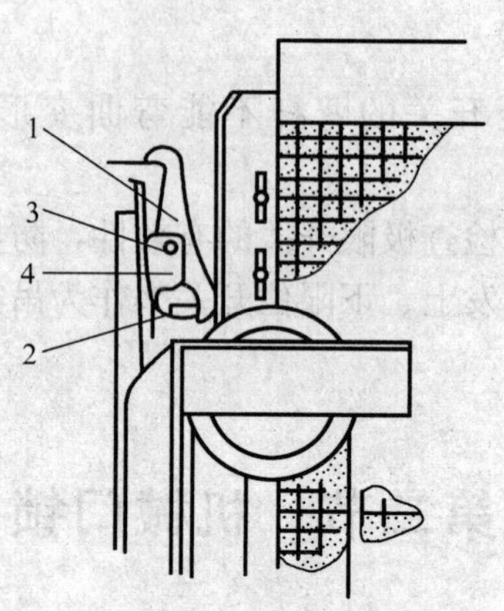

图 4—1　机械联锁装置

1—机械锁钩　2—压簧　3—销轴　4—支座

般为双行门，进、出料门均设有机械锁止装置，当吊笼位于地面规定位置和停层位置时，吊笼门才能开启。进、出料门完全关闭后，吊笼才能启动运行。

如图 4—2 所示，吊笼进料门机械联锁装置由门上的挡块 1、门框上的机械锁钩 2、压簧 3、销轴 4 和支座 5 组成。当吊笼下降到地面时，施工升降机围栏上的开门压板压着机械锁钩的尾部，同时机械锁钩就离开门上的挡块，此时门才能开启。当门关闭，吊笼离地后，吊笼门框上的机械锁钩在压簧的作用下嵌入门上的挡块缺口内，吊笼门被锁住。吊笼出料门机械联锁装置如图 4—3 所示。

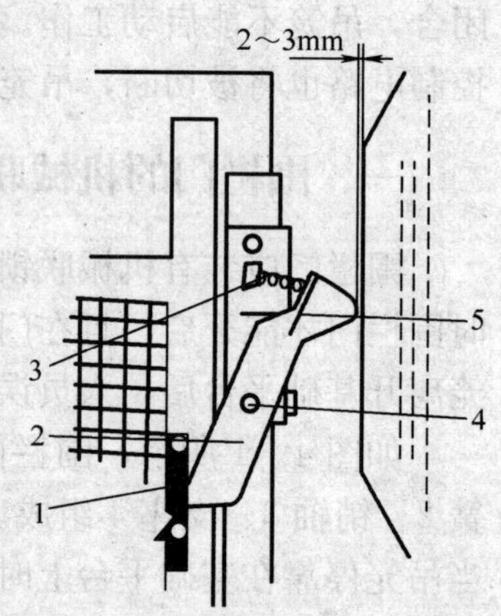

图 4—2　进料门机械联锁装置

1—挡块　2—机械锁钩

3—压簧　4—销轴　5—支座

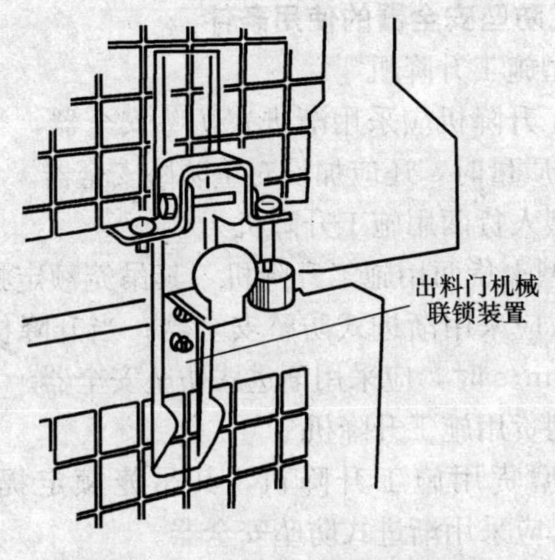

图 4—3　出料门机械联锁装置

第三节　防坠安全器

一、防坠安全器的分类

防坠安全器为非电气装置，是由气动和手动控制的防止吊笼或对重坠落的机械式安全保护装置。它是非人为控制的，当吊笼或对重一旦出现失速、坠落情况时，能在设置的距离、速度内使吊笼安全停止。

防坠安全器按其制动特点可分为渐进式和瞬时式两种形式。

二、渐进式防坠安全器

渐进式防坠安全器的全称为齿轮锥鼓形渐进式防坠安全器。它是一种初始制动力或力矩可调，制动过程中制动力或力矩逐渐增大的防坠安全器，其特点是制动距离较长，制动平稳，冲击小等。

1. 渐进式防坠安全器的使用条件

（1）SC型施工升降机

SC型施工升降机应采用渐进式防坠安全器，当升降机对重质量大于吊笼质量时，还应加设对重防坠安全器。

（2）SS型人货两用施工升降机

对于SS型人货两用施工升降机，其吊笼额定提升速度大于0.63 m/s时，应采用渐进式防坠安全器；当升降机对重额定提升速度大于1 m/s时，应采用渐进式防坠安全器。

（3）SS型货用施工升降机

对于SS型货用施工升降机，其吊笼额定提升速度大于0.85 m/s时，应采用渐进式防坠安全器。

2. 渐进式防坠安全器的构造

渐进式防坠安全器主要由齿轮、离心式限速装置、锥鼓形制动装置等组成。离心式限速装置主要由离心块座、离心块、调速弹簧、螺杆等组成，锥鼓形制动装置主要由壳体、摩擦片、外锥体加力螺母、碟形弹簧等组成。防坠安全器的结构如图4—4所示。

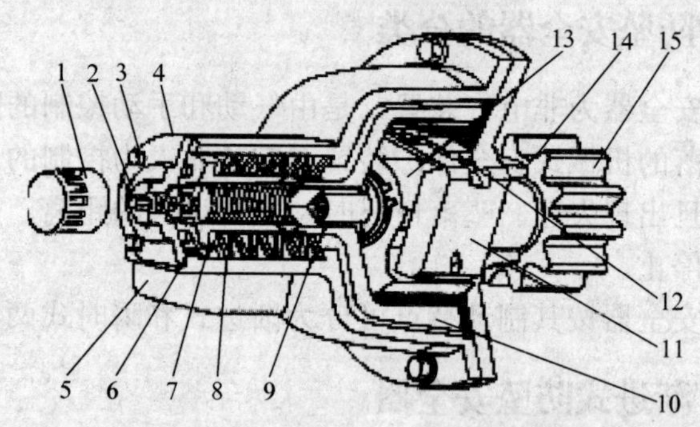

图4—4　防坠安全器的结构

1—罩盖　2—浮螺钉　3—螺钉　4—后盖　5—开关罩　6—螺母
7—防转开关压臂　8—碟形弹簧　9—轴套　10—旋转制动毂　11—离心块
12—调速弹簧　13—离心块座　14—轴套　15—齿轮

3. 渐进式防坠安全器的工作原理

渐进式防坠安全器安装在施工升降机吊笼的传动底板上，一端的齿轮啮合在导轨架的齿条上，当吊笼正常运行时，齿轮轴带动离心块座、离心块、调速弹簧和螺杆等组件一起转动，防坠安全器也就不会动作。当吊笼瞬时超速下降或坠落时，离心块在离心力的作用下，压缩调速弹簧并向外甩出，其三角形的头部卡住外锥体的凸台，然后就带动外锥体一起转动。此时外锥体尾部的外螺纹在加力螺母内转动，由于加力螺母被固定住，外锥体只能向后方移动，这样使外锥体的外锥面紧紧地压向胶合在壳体上的摩擦片，当阻力一定时就使吊笼制动。

4. 渐进式防坠安全器的主要技术参数

（1）额定制动载荷

额定制动载荷是指防坠安全器可有效制动停止的最大载荷，目前标准规定为 20 kN、30 kN、40 kN、60 kN 4 挡。SC100/100 型和 SCD200/200 型施工升降机上，配备的防坠安全器的额定制动载荷一般为 30 kN，SC200/200 型施工升降机上配备的防坠安全器的额定制动载荷一般为 40 kN。

（2）标定动作速度

标定动作速度是指按所要限定的防护目标运行速度而标定的安全器开始动作时的速度，具体见表 4—1。

（3）制动距离

制动距离指从防坠安全器开始动作到吊笼被制动停止时吊笼所移动的距离。防坠安全器制动距离应符合表 4—2 的规定。

表 4—1　　防坠安全器标定动作速度

施工升降机额定提升速度 v（m/s）	标定动作速度 v_1（m/s）
$v \leqslant 0.65$	$v_1 \leqslant 1.00$
$0.65 < v \leqslant 1.33$	$v_1 \leqslant v + 0.40$
$v > 1.33$	$v_1 \leqslant 1.3v$

表 4—2　　防坠安全器制动距离

施工升降机额定提升速度 v（m/s）	制动距离（m）
$v \leqslant 0.65$	0.15～1.40
$0.65 < v \leqslant 1.00$	0.25～1.60
$1.00 < v \leqslant 1.33$	0.35～1.80
$v > 1.33$	0.55～2.00

三、瞬时式防坠安全器

瞬时式防坠安全器是初始制动力或力矩不可调，瞬间即可将吊笼或对重制动的防坠安全装置。其特点是制动距离较短，制动不平稳，冲击力大。

1. 瞬时式防坠安全器的使用条件

（1）对于 SS 型人货两用施工升降机，每个吊笼应设置兼有防坠和限速双重功能的防坠安全器，当吊笼超速下行或其悬挂装置断裂时，该装置应能将吊笼制动并保持静止状态。

（2）SS 型人货两用施工升降机吊笼额定提升速度小于或等于 0.63 m/s 时，可采用瞬时式防坠安全器；当其对重额定提升速度小于或等于 1 m/s 时，可采用瞬时式防坠安全器。

（3）SS 型货用施工升降机可采用断绳保护装置和停层防坠落装置两部分组成的防坠安全器。当吊笼提升钢丝绳松绳或断绳时，该装置应能制动带有额定载重量的吊笼，且不造成结构严重损坏。对于额定提升速度小于或等于 0.85 m/s 的施工升降机，可采用瞬时式防坠安全器。

2. SS 型人货两用施工升降机的瞬时式防坠安全器

SS 型人货两用施工升降机使用的瞬时式防坠安全器一般由限速装置和断绳保护装置两部分组成。瞬时式防坠安全器允许借助悬挂装置的断裂或借助一根安全绳来动作。

（1）限速装置

限速装置主要用于钢丝绳式施工升降机，与断绳保护装置配合使用。其工作原理如图 4—5 所示，在外壳上固定悬臂轴 6，限速钢丝绳通过槽轮 7 装在悬臂轴上。槽轮有两个不同直径的沟槽，大直径的用于正常工作，小直径的用来检查限速器动作是否灵敏。固定在槽轮上的销轴 5 上装有离心块 1，两离心块之间用拉杆 2 铰接，以保证两离心块同步运动。通过调节拉杆 2 的长度可改变销 8 和 11 之间的距离，在装离心块一侧的槽轮表面上固定有支架 9，在支撑端部与拉杆螺母之间装有预紧弹簧 10。由于拉杆连接离心块，弹簧力迫使离心块靠近槽轮旋转中心，固定挡

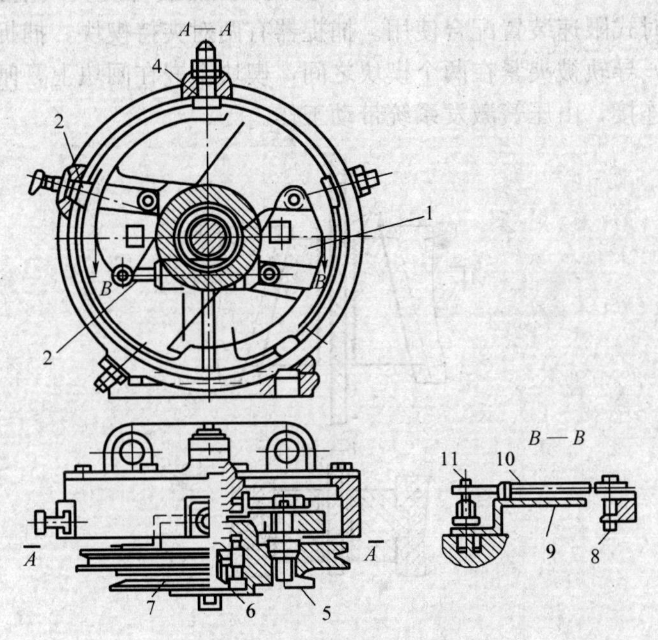

图 4—5　限速装置工作原理

1—离心块　2—拉杆　3—挡块　4—固定挡块　5—销轴　6—悬臂轴　7—槽轮　8、11—销　9—支架　10—预紧弹簧

块 4 凸出在外壳内圆柱表面上。与断绳保护装置带动系统杆件连接的限速钢丝绳带动槽轮，以额定速度旋转时，离心块产生的离心力还不足以克服弹簧张力，限速装置随同正常运行的吊笼而旋转；当提升钢丝绳拉断或松脱，吊笼以超过正常的运行速度坠落时，限速钢丝绳带动槽轮超速旋转，离心块在较大的离心力作用下张开，并抵在固定挡块 4 上，槽轮停止转动。当吊笼继续坠落时，停转的槽轮靠摩擦力拉紧限速钢丝绳，通过带动系统杆件而驱动断绳保护装置制动吊笼。在瞬时式限速器上还装有限位开关，当限速器动作时，能同时切断施工升降机动力电源。

（2）断绳保护装置

如图 4—6 所示，瞬时式断绳保护装置也叫楔块式捕捉器，与瞬时式限速装置配合使用。捕捉器有两对夹持楔块，捕捉器动作时，导轨被夹紧在两个楔块之间，楔块镶嵌在闸块上，闸块由拉杆连接，由压簧激发系统带动工作。

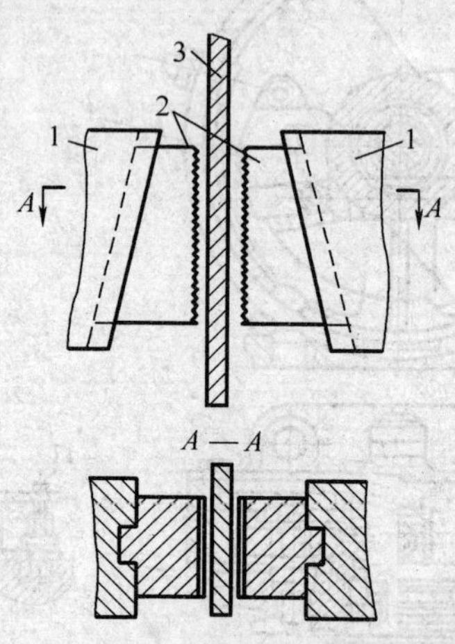

图 4—6　瞬时式断绳保护装置

1—楔块　2—闸块　3—导轨

3. SS 型货用施工升降机瞬时式防坠安全器

SS 型货用施工升降机的瞬时式防坠安全器应具有断绳保护和停层防坠落功能。在吊笼停层后，人员出入吊笼之前，停层防坠落装置应动作，使吊笼的下降操作无效，即使此时发生吊笼提升钢丝绳断绳，吊笼也不会坠落。

（1）防坠安全器的构造

图 4—7 所示为具有断绳保护和停层防坠落功能的组合式安全器，由主动杆、从动杆、下连杆、轮轴、偏心轮、弹簧、拉杆、横连杆、连杆等组成。

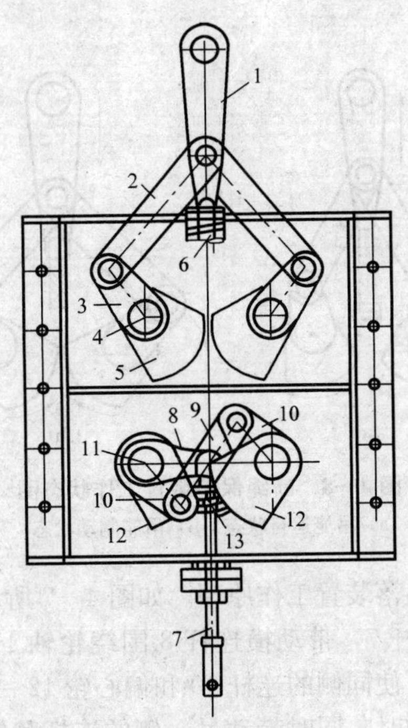

图 4—7　组合式防坠安全器的结构

1—主动杆　2—从动杆　3—下连杆　4、11—轮轴

5、12—偏心轮　6、13—弹簧　7—拉杆　8—横连杆　9、10—连杆

（2）防坠安全器工作原理

1）断绳保护装置工作原理。如图 4—7 所示，当卷扬机启动，拉紧钢丝绳时，连接在起重钢丝绳上的主动杆 1 向上拉起，同时拉动从动杆 2 向上运动，在弹簧 6 和从动杆 2 带动下，下连杆 3 围绕轮轴 4 向中间转动，再由轮轴 4 带动偏心轮 5，向外侧转动离开导轨，此时吊笼可以运行，如图 4—8a 所示。而当钢丝绳松弛或断绳时，主动杆 1 在弹簧 6 的作用下，克服阻力向下移动，推动从动杆 2 使下连杆 3 围绕轮轴 4 向外侧转动，同时带动偏心轮向中间转动夹紧导轨，将吊笼制动在导轨架上，如图 4—8b 所示。

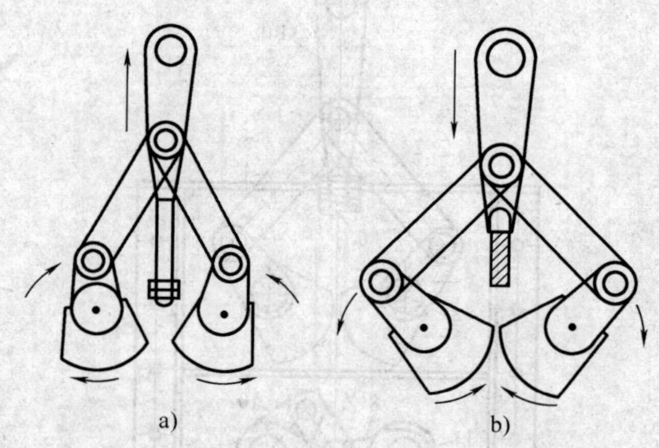

图 4—8　断绳保护装置工作状态图

a）吊笼运行状态　b）吊笼制动状态

2）停层防坠落装置工作原理。如图 4—7 所示，在吊笼运行前，向下拉动拉杆 7，带动横连杆 8 围绕轮轴 11 向下转动，在轮轴 11 的带动下使同侧的连杆 10 和偏心轮 12 一起向外侧转动。而当连杆 10 转动时，同时带动另一侧的连杆和偏心轮围绕轮轴一起向外侧转动，此时两偏心轮同时离开导轨，吊笼可启动，如图 4—9a 所示。当到达层站时，只要松开拉杆 7，在弹簧 13 的作用下，拉杆 7 向上移动，完成一系列动作后，使两偏心轮向中间转动，达到夹紧导轨防止吊笼坠落的目的，如图 4—9b 所示。

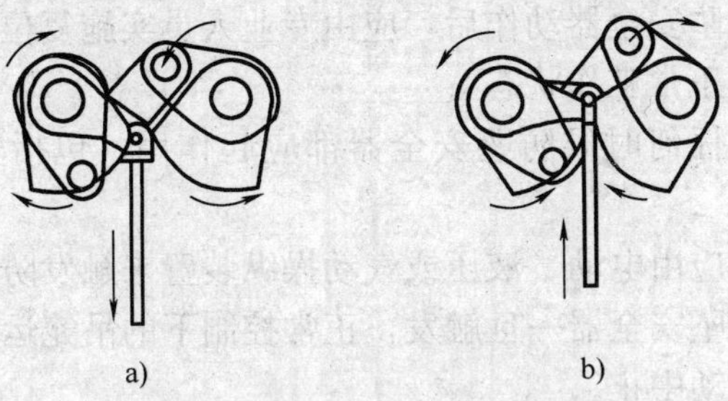

图 4—9　停层防坠落装置示意图

a）运行状态　b）停层状态

（3）防坠安全器的试验

当施工升降机安装后和使用过程中应进行坠落试验和对停层防坠落装置进行试验。进行坠落试验时，应在吊笼内装上额定载荷，并将吊笼上升到离地面 3 m 左右高度后停住，然后用模拟断绳的方法进行试验。对停层防坠落装置进行试验时，应在吊笼内装上额定载荷，将吊笼上升 1 m 左右高度后停住，在断绳保护装置不起作用的情况下，放松拉杆使偏心轮夹紧导轨，然后启动卷扬机使钢丝绳松弛，看吊笼是否下降。

四、安全技术要求

（1）防坠安全器必须定期检验标定，定期检验应由具有相应资质的单位进行。

（2）防坠安全器只能在有效的标定期内使用，有效检验标定期限不应超过 1 年。

（3）施工升降机每次安装后，必须进行额定载荷的坠落试验，以后至少每 3 个月进行一次。试验时，吊笼不允许载人。

（4）防坠安全器出厂后，动作速度不得随意调整。

（5）SC 型施工升降机使用的防坠安全器安装时透气孔应向

下，紧固螺孔不能出现裂纹，安全开关的控制接线应完好。

（6）防坠安全器动作后，应由专业人员实施复位，使施工升降机恢复到正常工作状态。

（7）在任何时候防坠安全器都应起作用，包括安装和拆卸工况。

（8）不应由电动、液压或气动操纵装置来触发防坠安全器。

（9）防坠安全器一旦触发，正常控制下的吊笼运行应由电气安全装置自动中止。

第四节　其他安全装置

一、安全钩

1. 安全钩的作用与基本构造

安全钩是防止吊笼倾翻的挡块，其作用是防止吊笼脱离导轨架或防坠安全器输出端齿轮脱离齿条，如图 4—10 所示。

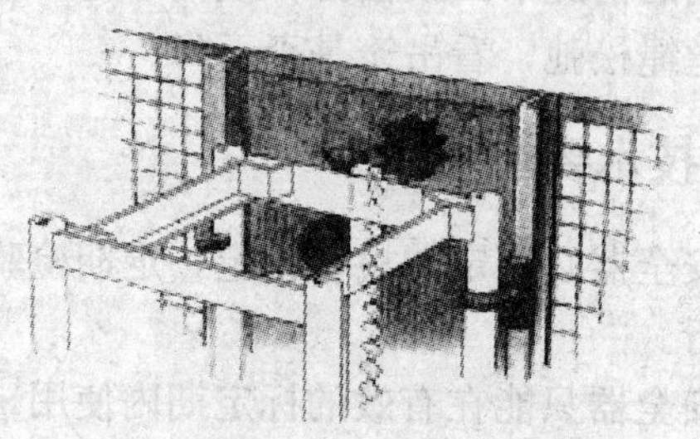

图 4—10　安全钩

安全钩一般有整体浇铸和钢板加工两种类型，其结构分底板和钩体两部分，底板由螺栓固定在施工升降机吊笼的立柱上。

2. 安全钩的安全要求

（1）安全钩必须成对设置，在吊笼立柱上一般安装上下两组安全钩，安装应牢固。

（2）上面一组安全钩的安装位置必须低于最下方的驱动齿轮。

（3）安全钩出现焊缝开裂、变形时，应及时更换。

二、齿条挡块

为避免施工升降机在运行中或吊笼下坠时，防坠安全器的齿轮和齿条啮合分离，施工升降机应采用齿条背轮和齿条挡块。在当齿条背轮失效后，齿条挡块就成为最终的防护装置。

三、缓冲装置

1. 缓冲装置的作用

缓冲装置安装在施工升降机底架上，用以吸收下降的吊笼或对重的动能，起到缓冲作用。

施工升降机的缓冲装置主要使用弹簧缓冲器，如图 4—11 所示。

图 4—11　弹簧缓冲器

2. 缓冲装置的安全要求

（1）每个吊笼一般设 2～3 个缓冲器，对重设一个缓冲器。同一组缓冲器的顶面相对高度差不应超过 2 mm。

（2）缓冲器中心与吊笼底梁或对重相应中心的偏移距离不得

超过 20 mm。

（3）经常清除基础上的垃圾和杂物，防止堆在缓冲器上，使缓冲器失效。

（4）应定期检查缓冲器的弹簧，发现锈蚀严重的要及时更换。

四、相序和断相保护继电器

电路应设有相序和断相保护继电器。当电路发生错相或断相时，保护继电器就能通过控制电路及时切断电动机电源，使施工升降机无法启动。

五、超载保护装置

超载保护装置也称超载限制器，是用于施工升降机超载运行的安全装置，常用的有电子传感器式、弹簧式和拉力环式三种。

1. 电子传感器式超载保护装置

施工升降机常用的电子传感器式超载保护装置如图 4—12 所示，其工作原理是当质量传感器得到吊笼内载荷变化而产生的微弱信号，输入放大器后，经 A/D 转换器转换成数字信号，再将信号送到处理器进行处理，其结果与所设定的动作点进行比较，如果通过所设定的动作点，则继电器工作。当载荷达到额定载荷的 90％时，警示灯闪烁，报警器发出断续声响；当载荷接近或达到额定载荷的 110％时，报警器发出连续声响，此时吊笼不能启动。超载保护装置由于采用了数字显示方式，既可实时显示吊笼内的载荷变化情况，还能及时发现超载报警点的偏离情况，及时进行调整。

2. 弹簧式超载保护装置

弹簧式超载保护装置安装在地面转向滑轮上，如图 4—13 所示。超载保护装置由钢丝绳 1、地面转向滑轮 2、支架 3、弹簧 4

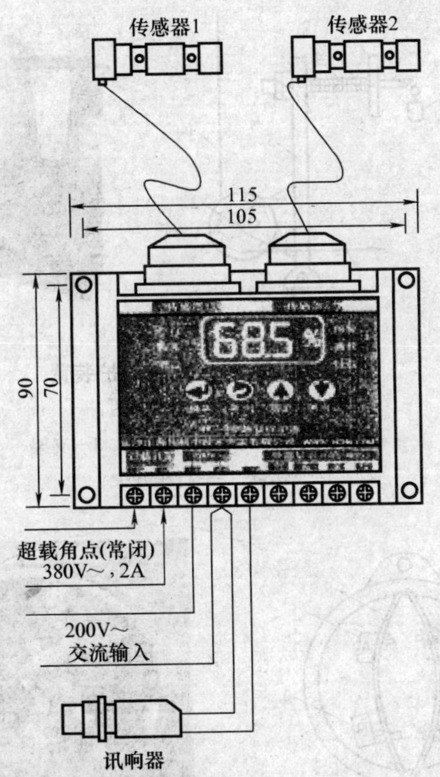

图 4—12　电子传感器式超载保护装置

和行程开关 5 组成。当载荷达到额定载荷的 110％时，行程开关被压动，断开控制电路，使施工升降机停机，起到超载保护作用。其特点是结构简单、成本低，但可靠性差，易产生误动作。

3. 拉力环式超载保护装置

拉力环式超载保护装置如图 4—14 所示，该超载保护装置由弹簧钢片 1、微动开关 2、4 和触发螺钉 3、5 组成。

使用时将两端串入施工升降机吊笼提升钢丝绳中，当受到吊笼载荷重力时，拉力环立即会变形，两块弹簧钢片立即会向中间挤压，带动装在上边的微动开关和触发螺钉，当受力达到报警限

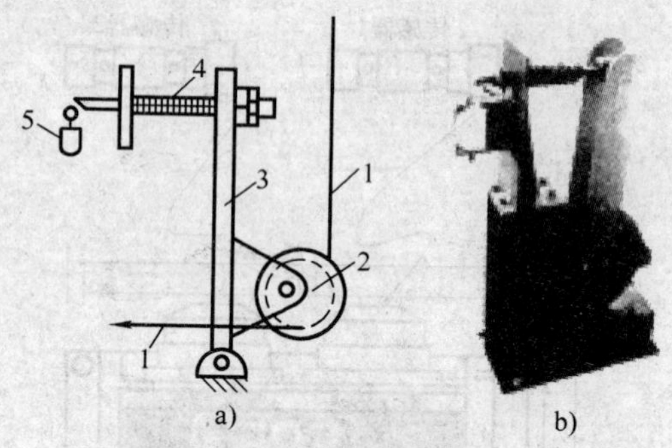

图 4—13　弹簧式超载保护装置

a）结构图　b）实物图

1—钢丝绳　2—地面转向滑轮　3—支架

4—弹簧　5—行程开关

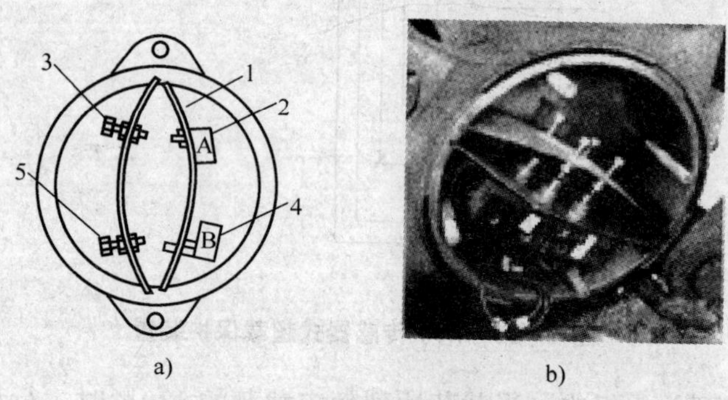

图 4—14　拉力环式超载保护装置

a）原理图　b）实物图

1—弹簧钢片　2、4—微动开关　3、5—触发螺钉

制值时，其中一个开关动作；当受力继续增大，达到调节的超载限制值时，另一个开关也动作，断开电源，吊笼不能启动。

4. 超载保护装置的安全要求

（1）超载保护装置的显示器应防止淋雨受潮。

（2）在安装、拆卸、使用和维护过程中应避免对超载保护装置的冲击、振动。

（3）使用前应对超载保护装置进行调整，使用中发现设定的限制值出现偏差，应及时进行调整。

第五章

施工升降机的安装与拆卸

第一节　施工升降机安装与拆卸的基本条件

一、施工升降机的技术条件

（1）施工升降机的生产厂必须持有国家颁发的特种设备制造许可证。

（2）施工升降机应有出厂合格证、监督检验证明和产品设计文件、安装及使用维修说明书、有关升降机形式检验合格证明等文件，并已在产权单位工商注册所在地县级以上建设主管部门备案登记。

（3）应有配件目录及必要的专用随机工具。

（4）对于购入的旧施工升降机应有两年内完整运行记录及维修、改造资料。

（5）对改造、大修的施工升降机要有出厂检验合格证、监督检验证明。

（6）施工升降机的各种安全装置、仪器仪表必须齐全和灵敏可靠。

（7）有下列情形之一的施工升降机，不得出租、安装和使用。

1）经检验达不到安全技术标准规定的。

2）超过安全技术标准或制造厂家规定的使用年限的。

3）没有齐全有效的安全保护装置的。

4）没有完整安全技术档案的。

5）属国家明令淘汰或者禁止使用的。

二、施工升降机安装与拆卸的基本要求

（1）从事施工升降机安装与拆卸活动的单位应依法取得建设主管部门颁发的起重设备安装工程专业承包资质和建筑施工企业安全生产许可证，并在其资质许可范围内承揽建筑起重机械安装工程。

（2）从事施工升降机安装与拆卸活动的操作人员、电工等应年满 18 周岁，具备初中以上的文化程度，经过专门培训，并经建设主管部门考核合格，取得《建筑施工特种作业人员操作资格证书》。

（3）施工升降机安装单位和使用单位应签订安装、拆卸合同，明确双方的安全生产责任；实行施工总承包的，施工总承包单位应当与安装单位签订建筑起重机械安装工程安全协议书。

（4）施工升降机的安装、拆卸必须根据施工现场的环境和条件、施工升降机的安装位置、施工升降机的状况以及辅助起重设备的性能条件，制定安装拆卸方案，并向全体作业人员进行技术交底。

（5）在安装、拆卸前，装拆人员应分工明确，每个人应熟悉和了解各自的操作工艺和使用的工具、器具，装拆过程中应各就各位，各负其责，对主要岗位应在技术交底中明确具体人员的工作范围和职责。

（6）装拆作业总负责人应全面负责和指挥装拆作业。在作业过程中应在现场协调、监督地面与空中装拆人员的作业情况，并严格执行装拆方案。

（7）作业空间的外沿与外电线路的距离应符合国家标准规定

的最小安全距离，达不到要求的应进行防护。

(8) 安装、拆卸作业应设置警戒区域，并设专人监护，无关人员不得入内。专职安全生产管理人员应现场监督整个安装、拆卸过程。

(9) 安装、拆卸、加节或降节作业时，最大安装高度处的风速不应大于 3 m/s，当有特殊要求时，按用户和制造厂的协议执行。

(10) 遇有工作电压波动大于 5%时，应停止安装、拆卸作业。

(11) 遇有雨、大雪、大雾等影响安全作业的恶劣天气时，应停止安装、拆卸作业。

三、施工升降机安装与拆卸的专项施工方案

1. 方案的编制

(1) 编制安装、拆卸方案的依据

1) 国家、行业、地方关于施工升降机的法规、标准、规范等。

2) 施工升降机使用说明书。

3) 安装、拆卸现场的实际情况，包括场地、道路、环境等方面。

(2) 安装、拆卸方案的内容

1) 安装、拆卸现场作业条件的详细说明。

2) 施工升降机安装位置平面图、立面图和主要安装、拆卸难点。

3) 对施工升降机基础的外形尺寸、技术要求，以及地基承载能力（地耐力）等的要求。

4) 详细的安装、拆卸程序，包括每一步骤的作业要点和检查要点、安装和拆卸方法、安全和质量控制措施。

5) 施工升降机主要零部件的质量及吊点位置。

6）所需辅助设备、吊具、索具的规格、数量和性能。

7）安装过程中应自检的项目，以及应达到的技术要求。

8）安全技术措施。

9）必要的计算资料。

10）人员配备及分工。

11）重大危险源及事故应急预案。

2. 方案的审批

施工升降机的安装、拆卸方案应由安装单位技术部门组织本单位施工、技术、安全、质量等部门的专业技术人员进行审核。审核合格的，由安装单位技术负责人签字，并报总承包单位技术负责人签字。

需要组织专家论证的专项方案，安装单位应当召开专家论证会。实行施工总承包的，由施工总承包单位组织召开专家论证会。安装单位应当根据论证报告修改、完善专项方案，并经安装单位技术负责人、总承包单位技术负责人、项目总监理工程师、建设单位项目负责人签字后，方可组织实施。

不需专家论证的专项方案，安装单位审核合格后报监理单位，由项目总监理工程师审核签字。

四、技术交底

（1）安装单位技术人员应根据安装、拆卸方案向全体作业人员进行技术交底，重点明确每位作业人员所承担的装拆任务和职责，以及与其他人员配合的要求，特别强调有关安全注意事项和安全措施，使作业人员了解装拆作业的全过程、进度安排和要求，增强安全意识，严格按照安全措施的要求进行工作。技术交底应包括下列内容：

1）施工升降机的性能参数。

2）安装、附着及拆卸的程序和方法。

3）各部件的连接形式、连接件尺寸和连接要求。

4）安装、拆卸部件的质量、重心和吊点位置。

5）使用的辅助设备、机具、吊具、索具的性能和操作要求。

6）作业中的安全技术措施。

7）其他需要交底的内容。

（2）由技术人员向全体作业人员进行技术交底后，每一个作业人员应进行书面签字认可。

五、施工升降机安装与拆卸工的操作规程

（1）必须对所使用的辅助起重设备和工具的性能和安全操作规程有全面了解，并进行认真的检查，确认合格后方准使用。

（2）在安装、拆卸作业前，应认真阅读使用说明书和安装、拆卸方案，熟悉装拆工艺和程序，掌握零部件的质量和吊点位置。作业过程中严禁擅自改动安装、拆卸程序。

（3）施工升降机安装、拆卸作业必须在指定的专门指挥人员的指挥下进行，其他人不得发出指挥信号。当视线阻隔和距离过远等致使指挥信号传递困难时，应采用对讲机或多级指挥等有效的措施。

（4）在进入工作现场时，必须戴安全帽；高处作业时必须穿防滑鞋、系安全带。

（5）严禁作业人员酒后作业。

（6）对各个安装部件的连接件，必须按规定安装齐全，固定牢固，并在安装后做详细检查。螺栓紧固有预紧力要求时，必须使用力矩扳手或专用扳手。

（7）装拆作业时严禁以投掷的方法传递工具和器材。

（8）吊笼顶上所有的安装零件和工具，必须放置平稳，禁止露出安全防护栏外。

（9）安装、拆卸时不要倚靠在吊笼顶安全护栏上，防止施工升降机启动时出现危险。

（10）加节顶升时，必须在吊笼顶部操纵，不允许在吊笼内

操作。

（11）加节顶升到规定高度后，必须安装附墙架后方可继续加节；在拆卸导轨架过程中，不允许提前拆卸附墙架。

（12）利用吊杆进行拆装作业时，严禁超载；吊杆上有悬挂物时，不准开动吊笼。

（13）当有人在导轨架、附墙架上作业时，严禁吊笼升降。

（14）做安全器坠落试验时，吊笼内不允许载人。

（15）安装结束后，吊笼上所有零件或工具必须全部清理，清扫传动、啮合部分的杂物、垃圾。

第二节　施工升降机的安装

一、安装前的检查

1. 对地基基础进行复核

施工升降机的地基基础必须满足产品使用说明书的要求。施工升降机的地基基础设置在地下室顶板、楼面或其他下部悬空结构上，应对其支撑结构进行承载力计算。支撑结构不能满足承载力要求时，应采取可靠的加固措施，经验收合格后方能安装。

2. 检查附墙架附着点

附墙架附着点处的建筑结构应满足施工升降机产品使用说明书的要求，预埋件应可靠地预埋在建筑物结构上。

3. 核查结构件及零部件

安装前，应检查施工升降机的导轨架、吊笼、围栏、天轮和附着架等结构件是否完好、配套，螺栓、轴销、开口销等零部件的种类和数量是否齐全、状况是否完好；对有可见裂纹、严重锈蚀、严重磨损、整体或局部变形的结构件应进行修复或更换，直至符合产品标准的有关规定后方可进行安装。

4. 检查零部件连接部位除锈、润滑情况

检查导轨架、撑杆、扣件等结构件的插口销轴、销轴孔部位的除锈和润滑情况，确保各部件涂油防锈，滚动部件润滑充分、转动灵活。

5. 检查安全装置

检查安全装置是否齐全和完好。

6. 检查辅助设备及工具

检查安装作业所需的专用电源的配电箱、辅助起重设备、吊索具和工具，确保满足施工升降机的安装需求。

全部项目检查完毕，并验收合格后，方可进行施工升降机的安装。

二、施工升降机安装工艺流程

施工升降机主要有 SC 型和 SS 型两种类型。目前使用比较广泛的是 SC 型施工升降机。SC 型施工升降机由于构造和驱动方式不同，安装工艺流程及方法也各不相同。以下仅介绍常用的 SC 型施工升降机的安装工艺流程。

SC 型施工升降机安装的一般工艺流程是：

基础施工→安装基础底架→安装第 3、4 节导轨架→安装吊笼→安装吊杆→安装对重→安装围栏→安装电气系统→安装下限位碰块→加高至第 5、6 节导轨架并安装第一道附墙装置→试车→加高导轨架→安装附墙架→安装电缆导向装置→安装天轮和对重钢丝绳→安装上限位碰块→（再次加高导轨架，重新安装天轮和对重钢丝绳）→安装楼层呼叫系统→调试、自检、验收。

三、施工升降机安装程序和要求

1. 安装基础底架和导轨架

（1）如图 5—1 所示，将基础底架吊运到已完成施工的混凝土基础平面上，安装与基础底架连接的四个地脚螺栓，但暂不拧紧。

（2）如图 5—2 所示，用钢垫片插入基础底架和混凝土基础之间 1、2、3、4 位置，以调整基础底架的水平度（用水平仪校正），然后用较小的力矩拧紧连接螺栓。

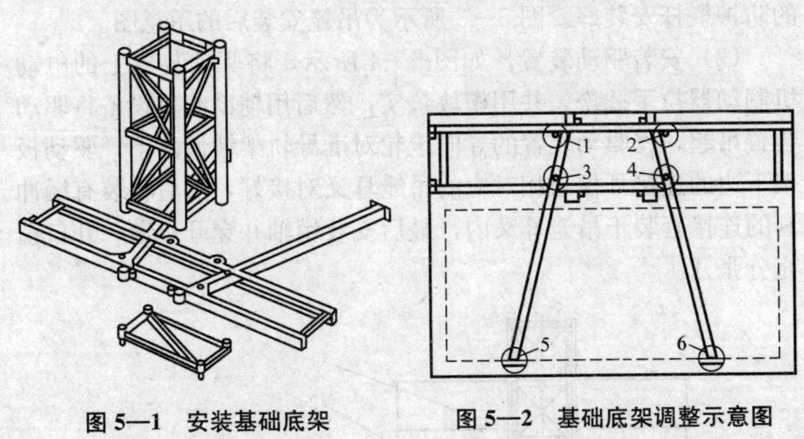

图 5—1　安装基础底架　　**图 5—2　基础底架调整示意图**

（3）安装底座节和第 3、4 节导轨架，将其吊装到预埋基础底架的导轨架底座上，并在安装缓冲弹簧座和缓冲弹簧后，用螺栓将导轨架与预埋基础底架连接紧固，螺栓预紧力矩应符合说明书要求。

（4）用经纬仪在两个方向检查导轨架的垂直度，要求导轨架的垂直度误差不大于导轨架高度的 1/1 000。当导轨架的垂直度满足要求后，应在图 5—2 中 5、6 位置用钢垫片垫实。进一步拧紧基础底架与混凝土基础间的连接螺栓，拧紧力矩需达到说明书要求。

（5）安装吊笼和对重缓冲装置（无对重施工升降机不安装对重缓冲装置）。将吊笼和对重缓冲弹簧座用螺栓固定在底架槽钢上，然后装上缓冲弹簧。

2. 安装吊笼

（1）用辅助起重设备将吊笼吊起，吊笼底部到达导轨架顶部时，将导向滚轮对准导轨架主弦杆缓慢落下。安装时注意吊笼双门一侧应朝向建筑物。将吊笼缓缓放置于缓冲弹簧上，并适当用木块垫稳，然后吊装另一个吊笼。吊笼安装完毕后，将吊笼顶部的防护栏杆安装好。图 5—3 所示为吊笼安装后的示意图。

（2）安装驱动装置。如图 5—4 所示，将驱动装置上的电动机制动器拉手撬松，并用楔块垫实，然后用辅助起重设备将驱动装置吊起，将驱动装置的导向滚轮对准导轨架缓慢落下，驱动板架下边的连接耳板与相对应的吊笼耳叉对接好，然后将装有缓冲套的连接套装于吊笼耳叉内，最后安装销轴并穿开口销，开口销充分张开。

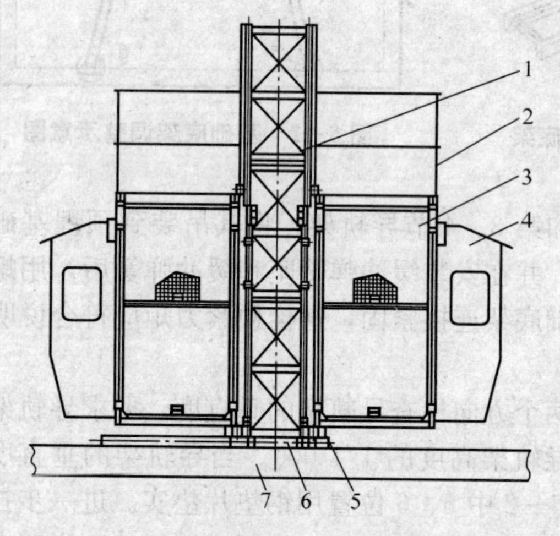

图 5—3　吊笼安装后的示意图

1—导轨架　2—防护栏杆　3—吊笼　4—司机室
5—缓冲装置　6—护栏底盘　7—混凝土基础

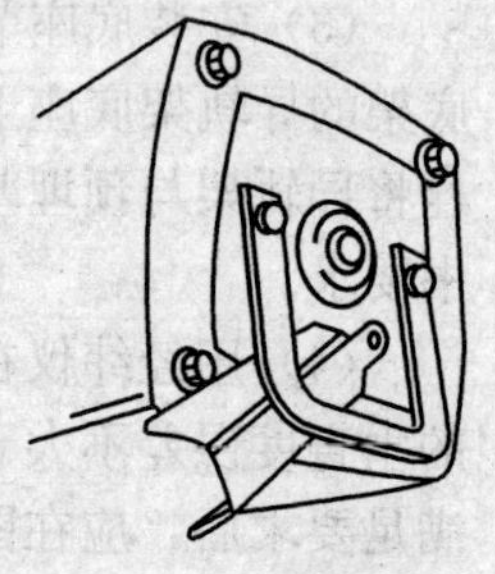

图 5—4　松开电动机制动器

（3）调整背轮和各导向滚轮的偏心距及位置，并应符合下列要求：

1）导向滚轮与导轨架立柱管的间隙为 0.5 mm。

2）调整背轮，使传动齿轮和齿条的啮合侧隙为 0.2～0.5 mm。

3）沿齿高接触长度不小于 40%。

4）沿齿长接触长度不小于 50%。

5）防坠安全器齿轮、传动齿轮和背轮方向的中心平面处于齿条厚度方向的中间位置。

（4）移除楔块，使电动机制动器复位。如果是采用拧紧制动器松闸拉手上两螺母的作业法来松开制动器的，需将两螺母退回至开口销处，以免影响自动跟踪装置的功能。

（5）手动撬动作业法升降吊笼。在安装过程中因限位调整不当、载荷太重或制动器磨损造成制动力矩不足，使吊笼触动下极限开关，主电源被切断不能自行复位，或者吊笼在运行过程中因长期断电而滞留在空中时，可通过手动撬动作业法使吊笼在断电的情况下上升或下降，如图 5—5 所示。采取的具体措施如下：

1）查清原因，排除故障。

2）取下减速器与电动机之间的联轴器检查罩。

3）将摇把插入联轴器的孔中，提起制动器尾部的松脱手柄，下压摇把，则吊笼上升；反之，则下降。注意，每撬动一次后要使电动机恢复制动，要使吊笼下滑只需提起制动器尾部的手柄，注意一定要间断进行，以防下滑速度过快使防坠安全器动作。

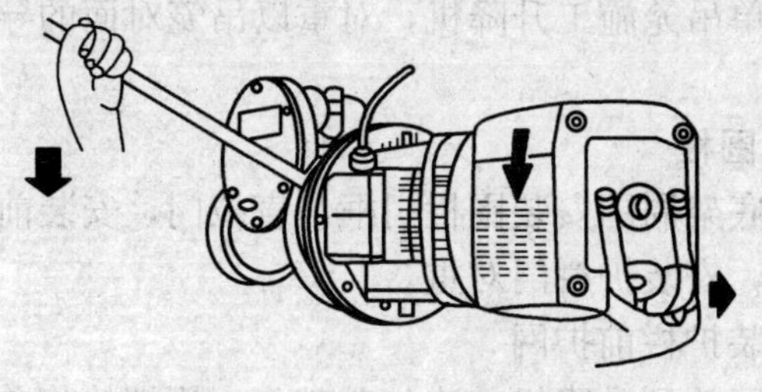

图 5—5　手动撬动作业法

在采用手动撬动作业法上升、下降吊笼的同时，应检查吊笼在导轨架上的运行情况，随时调整各导向滚轮的偏心轴，使各导向滚轮随着吊笼的上下运动均能正常转动。

3. 安装吊杆

将推力球轴承加注润滑油后安装在吊杆底部，用辅助起重设备将吊杆吊起放入吊笼顶部的安装孔内。在吊笼内将调心球轴承安装在吊杆下部的安装孔内，加压垫并用螺栓固定。吊杆不使用时，应用吊钩钩住吊笼顶部的栏杆使其固定。

4. 安装对重

对于有对重的施工升降机，必须在导轨架加高前将对重吊装就位在导轨架上。

（1）使用辅助起重设备将对重吊起，对重下部的导向滚轮对准导轨缓慢落下，将对重放在已安装好的对重缓冲装置上。应确保每个导向滚轮转动灵活，调整对重导轨上下各四个导向滚轮的偏心轴，使各对导向滚轮与立柱管的总间隙不大于1 mm。

（2）对于双笼带对重，且采用可拆式对重导轨的施工升降机，则在安装对重装置前，需将对重导轨用螺栓和压板分别紧固在已竖起的导轨架上。对重导轨的安装应符合下列要求：

1）对重导轨在导轨架的位置必须中心对称。

2）对重导轨下端与导轨架端部要严格齐平。

3）调整对重导轨接头，使对重导轨相互间的连接处平直，焊装式导轨也需修整。

（3）对单吊笼施工升降机，对重以吊笼对面的导轨架立柱管为导轨。

5. 安装围栏

在基础底架周围安装围栏门框与直拉门，安装前护网、侧护网及后护网，安装护栏门对重。

（1）安装护栏前护网

将前护网放到升降机前边的基础上，用螺栓将前护网的下部与围栏底盘连接牢固。然后将可调长连接杆的一端与导轨架用U形螺栓固定，另一端的连接耳板与前护网的上部角钢用螺栓固定，如图 5—6 所示。

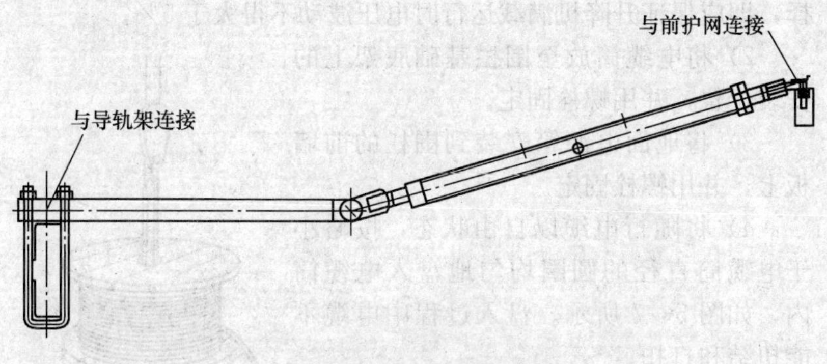

图 5—6　可调长连接杆

（2）安装围栏门框

将围栏门框吊放到前护网的侧面（一般情况下，出厂时围栏直拉门已安装到围栏门框内），注意，左右门框的方向不要搞错，用螺栓将门框与前护网连接固定。再用同样方法安装另外一个门框。

（3）安装侧护网及后护网

依次安装侧护网和后护网，有吊杆吊笼侧的两件侧护网应与围栏底盘连接固定，另一侧用连接杆相连。护网之间用螺栓连接牢固，后护网上方用连接杆与导轨架连接固定。

（4）安装护栏门对重

先分别安装护栏门对重导轨，外边门对重导轨上边与门框导轨角钢连接，下边与侧护网连接。靠近前护网侧对重导轨上边与门框导轨角钢连接，下边用螺栓与围栏底盘槽钢连接。然后安装对重，钢丝绳的长度应调整到保证围栏门开启高度不小于 1.8 m。

6. 安装电气系统

（1）安装电缆

1）施工升降机所用电缆应为五芯电缆，所用规格应合理选择，即应保证升降机满载运行时电压波动不得大于5%。

2）将电缆筒放至围栏基础底架上的安装位置，并用螺栓固定。

3）将地面电源箱安装到围栏的前墙板上，并用螺栓固定。

4）将随行电缆以自由状态，按略小于电缆筒直径的圆圈均匀地盘入电缆筒内，如图5—7所示。盘入过程中电缆不能扭结和打扣。

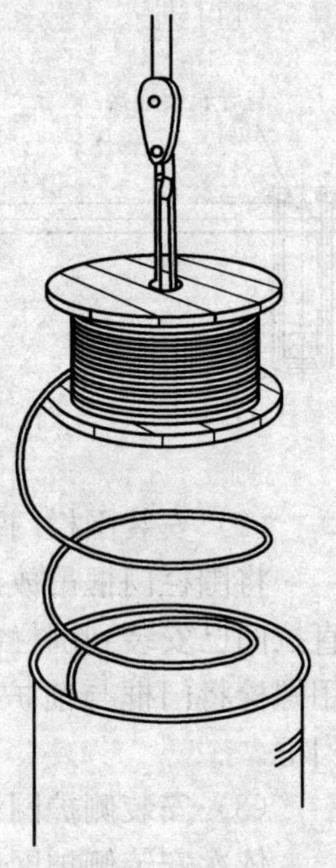

图5—7 电缆入筒

5）将电缆进线架用螺栓紧固于吊笼的安装位置，使其与电缆筒的位置相对应。

6）从电缆筒口拉出电缆的一端，通过电缆进线架，接到安装在传动底板上电源极限开关的端子上。

7）从电缆筒底部拉出电缆的另一端，连接到地面电源箱内的端子上。

8）从施工现场供电箱内引出供电电缆，接至地面电源箱内的端子上。

（2）电气系统检查

1）施工升降机结构、电动机和电气设备的金属外壳均应接地，接地电阻不得超过4 Ω；用兆欧表测量电动机及电气元件，对地绝缘电阻不得小于1 MΩ。

2）吊笼内的电气系统和安全保护装置出厂时一般已安装完毕，但仍需做必要的检查。检查内容包括围栏门限位开关，吊笼门限位开关，吊笼顶门限位开关，上、下限位开关，电源极限开关，以及松绳保护开关等安全控制开关，均应反应灵敏，启闭自如。

3）校核电动机接线，吊笼上下运行方向应与司机室内操纵台面板上的显示一致，各按钮动作必须准确无误。检查完毕后，升降机可进入自行安装工况。

4）带对重升降机安装时，因不挂对重，所以应将松绳保护开关锁住。

7. 安装下限位碰块

（1）用钩形螺栓将下限位碰块和下极限碰块安装在导轨架下部的适当位置，首先调整下限位碰块，保证限位开关动作后笼底不接触缓冲弹簧。

（2）注意限位开关为手动复位型，动作后必须手动复位。

（3）调整下限位碰块，要求下限位开关动作后，下限位开关与碰块之间仍有一定的距离，具体位置以吊笼内底面与门槛上平面持平为准。

如图 5—8 所示，根据吊笼传动机构底板上各限位开关的实际位置安装各碰块，调整导轨架底部下极限碰块和下限位碰块位置。

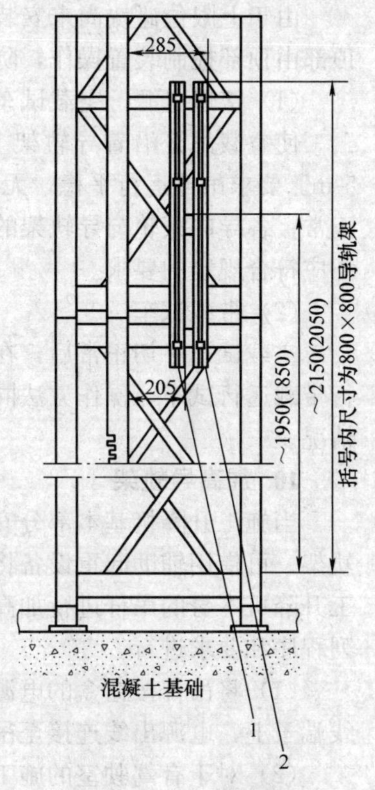

图 5—8　下极限碰块和下限位碰块

1—下极限碰块　2—下限位碰块

8. 加高至第 5、6 节导轨架

当完成上述基本部分的安装并进行检查后，即可加高至第 5、6 节导轨架。如果现场条件允许，可在地面将导轨架用高强度螺栓按规定力矩连接，借用辅助起重设备将接好的导轨架吊起安装就位，以提高工作效率；如不能借用辅助起重设备，安装人员可操作施工升降机本身的吊杆进行加高作业。

加高过程中，要按照所安装施工升降机要求的间隔距离安装附墙装置，安装导轨架和安装附墙装置应同时进行。

9. 吊笼升降试车

完成上述安装程序后，进行吊笼升降试车。

由于上限位碰块尚未安装，操作时必须谨慎，运行中在吊笼顶部由顶部控制装置操作，防止吊笼冒顶。

（1）接通电源，空载试车

使空载吊笼沿着导轨架上下运行数次，行程高度不得大于5 m。要求吊笼运行平稳，无跳动、无异响等故障；制动器工作正常；各导向滚轮与导轨架的接触情况、齿轮齿条的啮合情况等均应符合规定的要求。

（2）带载试车

空载试车一切正常后，在吊笼内装入额定载重量的载荷，进行带载运行试车，操作方法同上，并检查电动机、减速器的发热情况。

10. 加高导轨架

当施工升降机基本部分安装结束并试车通过后，即可加高导轨架。可借用辅助起重设备将导轨架起吊安装就位，也可操作施工升降机本身的吊杆进行加高作业。利用吊杆加高导轨架可按下列程序和要求进行。

（1）将吊杆按钮盒的电源进线连接至吊笼上电气控制箱的接线端子上，电源出线连接至吊杆电动机的接线端子上。

（2）对于有驾驶室的施工升降机，需将加节按钮盒接线插头插至驾驶室操纵箱的相应插座上，并将操纵箱上的控制旋钮旋到加节位置。加节按钮盒应置于吊笼顶部；对无驾驶室的升降机，需将吊笼内操作盒移至吊笼顶部。

（3）在吊笼顶部操作吊杆进行安装，放下吊钩，吊起一节导轨架放置在吊笼顶部（每次在吊笼顶部最多仅允许放置三个导轨架），关上被打开的护栏。吊笼驱动升降时，安装吊杆上不准挂导轨架。吊笼顶部作业人员需注意安全，防止与附墙架相碰。

（4）操纵吊笼，驱动吊笼上升，直至驱动架上方距待加高的标准节止口距离约为 250 mm；对于驱动装置置于吊笼内的，其吊笼顶面距离导轨架顶端约 300 mm 左右。

（5）按下紧急停机开关，防止意外发生。

（6）安装导轨架，在该导轨架立柱接头锥面涂上润滑脂。将导轨架吊运至下面一节导轨架的顶端，对准下面一节导轨架的接头孔放下插入，用螺栓固定连接处。

（7）松开吊钩，将吊杆转回。

（8）操纵吊笼降至适当的工作位置，拧紧全部导轨架连接螺栓。所用螺栓的强度等级不得低于 8.8 级，拧紧力矩需符合规定要求。

（9）重复上述过程，直至导轨架达到所要求的安装高度。

安装导轨架时应注意以下事项：

（1）导轨架加高的同时，应安装附墙架。

（2）无对重的施工升降机，顶部导轨架的四根立柱管上口必须装上橡胶密封顶套。

（3）导轨架每加高 10 m 左右，应用经纬仪在两个方向上检查一次导轨架整体的垂直度，一旦发现超差应及时加以调整。导轨架安装垂直度偏差应符合表 3—1 的规定。

（4）导轨架安装时，应确保上、下导轨架立柱管对接处的错位阶差不大于 0.5 mm。

（5）有对重导轨的导轨架，应确保上、下对重导轨对接处的错位阶差不大于 0.5 mm。

11. 安装附墙架

附墙架的安装应与导轨架的加高安装同步进行。

附墙架可用吊笼上的安装吊杆吊装或用吊笼运送。用吊笼运送附墙架时，应在吊笼顶部操纵吊笼进行运送。

附墙架形式因建筑物结构和施工升降机的位置不同，一般有Ⅰ、Ⅱ、Ⅲ、Ⅳ4种类型，如图5—9所示。

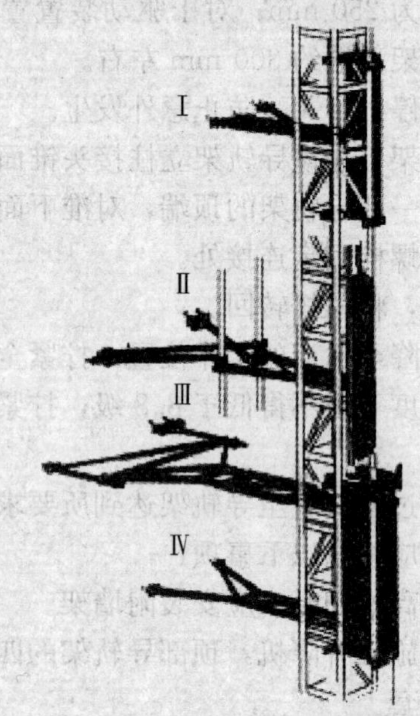

图5—9 附墙架形式

安装附墙架时，必须按下紧急停机开关或使防止误动作开关处于停机位置。

附墙架位置尽可能保持水平，由于建筑物条件影响，其倾角不得超过说明书规定值（一般允许最大倾角为±8°）。连接螺栓应为高强度螺栓，其强度等级不得低于8.8级。

在安装附墙架的同时，应及时调整导轨架的垂直度，并使其在规定范围内。

(1) Ⅰ型附墙架的安装

图 5—10 所示为Ⅰ型附墙架的安装示意图。

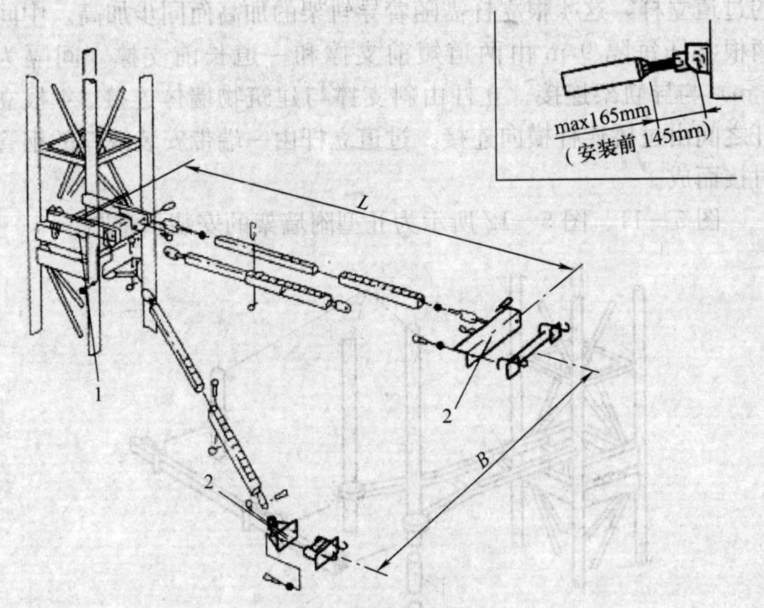

图 5—10 Ⅰ型附墙架的安装示意图

1—固定杆 2—支撑底座

1) 把左右固定杆用 U 形螺栓对称地安装在导轨架的上/下框架上，并在左右固定杆之间装上横支撑。

2) 用螺栓将两端的支撑底座连接至建筑物墙体的预埋件上。

3) 调整并连接 3 组调节杆。在调节杆的两端旋入微调螺杆。安装前，微调螺杆必须旋出大约 145 mm。调整时，微调螺杆旋出的长度不能超过 165 mm。

4) 校正导轨架垂直度。调整附墙架，使导轨架的垂直度满足公差要求。

5) 紧固所有螺栓、螺母，销轴连接的开口销需安装正确。

并确保附墙架与吊笼、对重的运行不发生干涉。

（2）Ⅱ型附墙架的安装

Ⅱ型附墙架、导轨架与建筑物墙体之间有4根支撑登楼平台的过道立杆，这4根立杆需随着导轨架的加高而同步加高。中间两根立杆每隔9 m由两道短前支撑和一道长前支撑（间隔为3 m）与导轨架连接。立杆由斜支撑与建筑物墙体连接。4根立杆之间由过桥连杆横向连接。过道立杆由一端带安装缺口的钢管对接而成。

图5—11、图5—12所示为Ⅱ型附墙架的安装示意图。

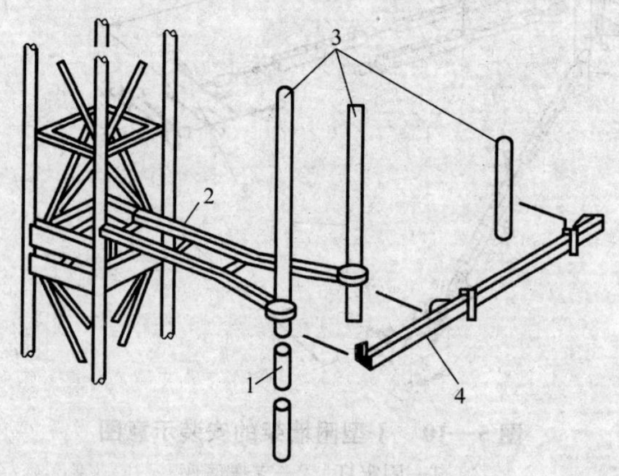

图5—11　Ⅱ型附墙架的安装示意图（一）

1—立杆接头　2—短前支撑　3—过道立杆　4—过桥连杆

1）安装过道立杆

①过道立杆底部与围栏后墙板的钢管相连接，直至与导轨架高度相同。

②安装各节过道立杆时，立杆带缺口的一端向下，并在两节立杆间装上内张式立杆接头，用旋紧螺栓的方式胀紧接头。

③每隔规定间距安装短前支撑和长前支撑。前支撑一端固定在导轨架的上/下框架上，另一端用前支撑上的扣环与中间两根

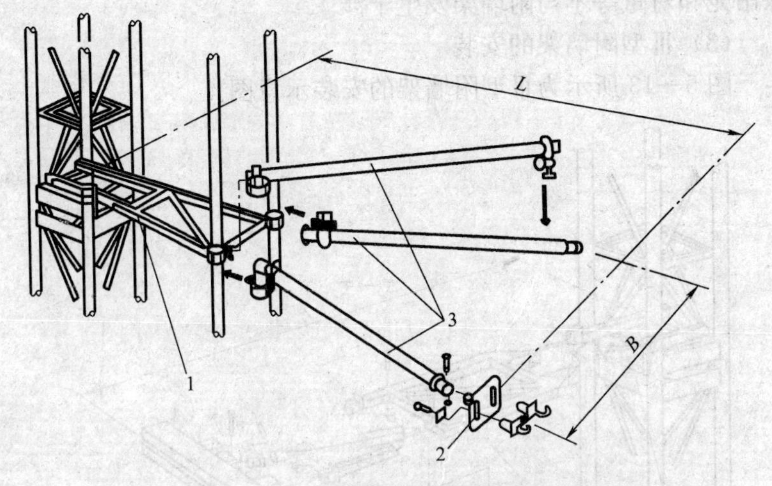

图 5—12　Ⅱ型附墙架的安装示意图（二）

1—长前支撑　2—支撑底座　3—斜支撑

过道立杆连接。

④靠近长、短前支撑，用过桥连杆上的扣环将过桥连杆水平安装在过道立杆上。

2）用螺栓将支撑底座连接到建筑物墙体的预埋件上。

3）安装斜支撑。将 3 根斜支撑的一端用异角扣环固定在接近长前支撑的过道立杆上。其中两根斜支撑一端用螺栓与支撑底座连接，较长的斜支撑的另一端用异角扣环对角搭接在另一根斜支撑接近支撑底座处。

附墙架与附墙杆（斜支撑）连接尽可能靠近，上下间距不大于 200 mm。

4）校正导轨架的垂直度。调整附墙架的伸缩调节杆，使导轨架的垂直度满足公差要求。

Ⅱ型附墙架可采用合适的拉紧器调整导轨架的垂直度，如吊紧螺栓和钢丝绳等。

5）紧固所有的螺栓，销轴连接的开口销需正确安装，并确保吊笼和对重等不与附墙架发生干涉。

（3）Ⅲ型附墙架的安装

图 5—13 所示为Ⅲ型附墙架的安装示意图。

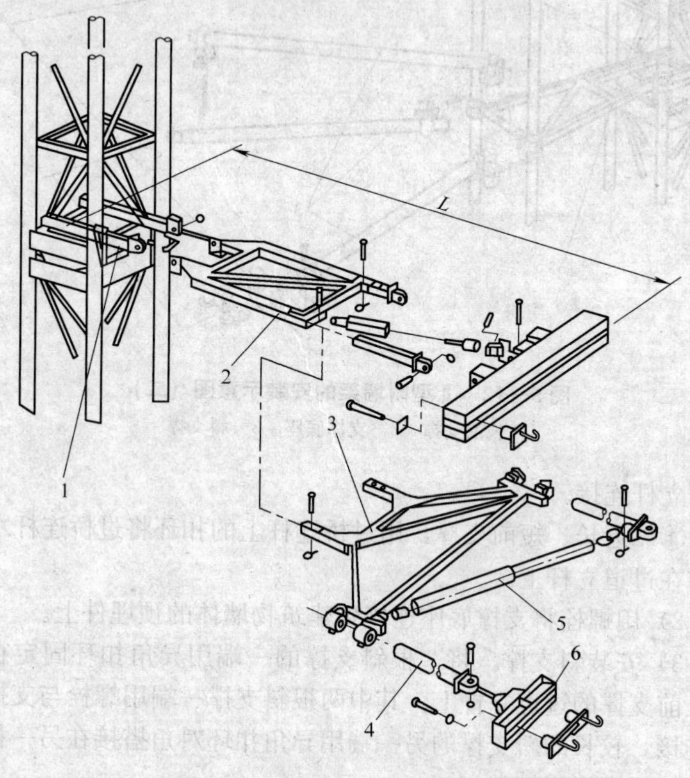

图 5—13　Ⅲ型附墙架的安装示意图

1—固定杆　2—主撑架　3—副撑架　4—直杆

5—调整杆　6—支撑底座

1）将两根固定杆用 U 形螺栓对称地安装在导轨架的上/下框架上，U 形螺栓暂且不用拧得太紧，以便在与主撑架连接时调整位置。

2）用螺栓将支撑底座连接在建筑物墙体的预埋件上。

3）根据选用的附墙距离 L，将主撑架、副撑架、直杆、调整杆用销轴连接组装成一体。然后将其吊运到建筑物墙体附着的位置，用销轴与固定杆连接，最后用螺栓与支撑底座连接。

4）校正导轨架的垂直度。用伸缩两直杆的办法，可作导轨架少量位移。如要使导轨架作侧向位移，固定在墙上的支撑底座需移动，直至使导轨架的垂直度满足公差要求。

5）调整杆必须调整至撑紧，并用螺母锁住。

6）紧固所有的螺栓，销轴连接的开口销需正确安装。并确保吊笼和对重等不与附墙架发生干涉。

（4）Ⅳ型附墙架的安装

Ⅳ型附墙架的安装示意图如图 5—14 所示。

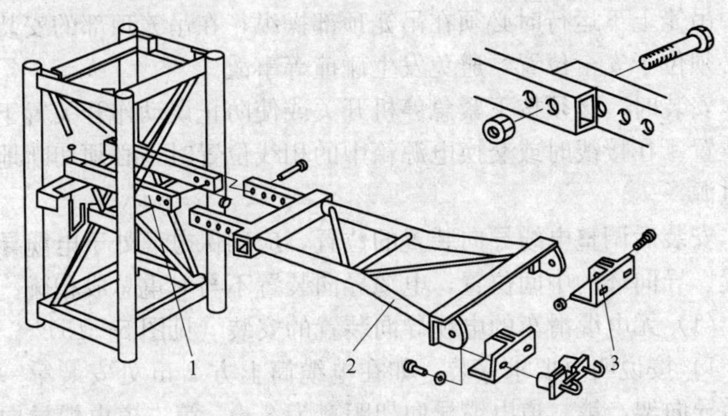

图 5—14　Ⅳ型附墙架的安装示意图

1—固定杆　2—连接架　3—支撑底座

1）将两根固定杆用 U 形螺栓对称地安装在导轨架的上/下框架上。

2）用螺栓将支撑底座连接至建筑物墙体的预埋件上。

3）吊运连接架至墙体附着的位置，将连接架的一端用销轴连接到固定杆上，另一端用销轴连接至支撑底座上。

4）校正导轨架的垂直度，使导轨架的垂直度满足公差要求。

5）紧固所有的螺栓，销轴连接的开口销需正确安装。并确保吊笼和对重等不与附墙架发生干涉。

12. 安装电缆导向装置

施工升降机电源电缆的安装方法与采用的电缆导向装置形式有关，一般分为无电缆滑车的电缆导向装置和有电缆滑车的电缆导向装置两种形式。对不同类型的附墙架，电缆导向架的扣环的固定位置不同，如有过道立杆的附墙架，电缆导向架的扣环固定于外侧的过道立杆，如图 5—15a 所示；其他类型的附墙架，电缆导向架用螺栓钩固定在导轨架的框架上，如图 5—15b 所示。

在导轨架加高的过程中，应同时安装电缆导向装置。安装过程中吊笼上下运行时必须在吊笼顶部操纵，在吊笼顶部的安装人员必须位于安全位置，避免发生碰撞等事故。

安装时，必须按下紧急停机开关或使防止误动作开关置于停机位置。在接线时或交换电源箱中的相线位置时，必须切断地面总电源。

安装后调整电缆导向装置的位置，应确保电缆处于电缆导向装置、导向环的中间位置，电缆导向装置不与对重总成相碰。

（1）无电缆滑车的电缆导向装置的安装（见图 5—15）

1）按说明书要求安装，如在电缆筒上方 2 m 处安装第一道电缆导向架，第二道电缆导向架距离为 3 m，第三道电缆导向架距离为 4. 5 m，以后每隔 6 m 安装一道电缆导向架，如图 5—15a 所示。其他类型的附墙架电缆导向架的安装尺寸如图 5—15b 所示。

2）调整电缆导向架的位置，确保电缆处于电缆导向架扣环的中间位置，确保电缆导向架不与对重总成相碰。

（2）有电缆滑车的电缆导向装置的安装

有电缆滑车的施工升降机每台吊笼的动力电缆分为两根，即随行电缆和固定电缆。安装程序同下述专用电缆滑车。

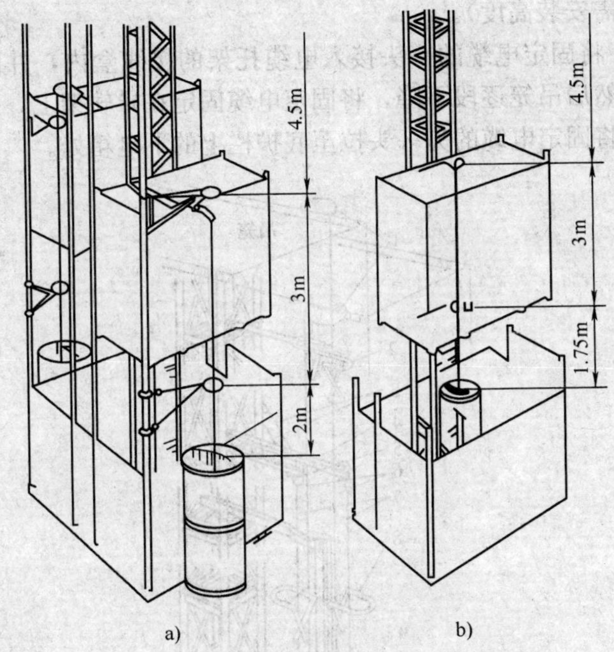

图 5—15　电缆导向装置的安装

a）采用有过道立杆的附墙架　b）采用其他类型的附墙架

13. 专用电缆滑车的安装

为了减小动力电缆的电压降和防止电缆受拉力太大而损坏，应采用带滑车的电缆导向装置，即专用电缆滑车，如图 5—16 所示。专用电缆滑车的安装一般分两种情况，一种是安装滑车系统前，导轨架安装高度已超过所需安装高度的一半；另一种是导轨架分阶段安装，且一开始就安装专用电缆滑车。

（1）当安装滑车系统前，导轨架安装高度已超过所需安装高度的一半时，应按下列程序进行。

1）将固定电缆及固定电缆托杆置于吊笼顶，吊笼上升。

2）将固定电缆托杆安装在$\frac{H}{2}+6$ m 处的导轨架上（H 为导

轨架所需安装高度)。

3)将固定电缆的一头接入电缆托架的接线盒内,并固定好端头,然后吊笼逐段下降,将固定电缆固定在导轨架上,到最底部时,将固定电缆的另一头拉至底护栏上的下电箱处。

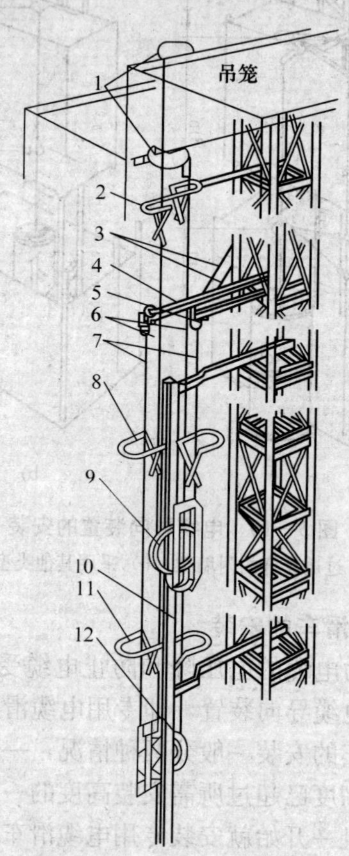

图5—16 专用电缆滑车

1—进线架 2—电缆导向架A 3—钢丝绳 4—电缆托杆A 5—电缆托杆B 6—随行电缆 7—固定电缆 8—电缆导向架B 9—右侧滑车 10—滑车导轨 11—电缆导向架C 12—左侧滑车

4）安装滑车导轨，并将滑车穿入滑车导轨中，滑车导轨安装高度为$\frac{H}{2}+4.5\ \mathrm{m}$。

5）将吊笼开至固定电缆托杆处，切断总电源，拆下下电箱中现供电电缆端头，而将固定电缆下端头接入下电箱。

6）将现供电电缆随行电缆拉至吊笼顶，电缆端头接入固定电缆托架的接线盒内，使随行电缆与固定电缆连成一体。

7）将随行电缆在吊笼中极限开关内的端头拆下，穿过吊笼上电缆滑车导轨处的电缆臂再接入极限开关。

8）合上电源，并检查电源相序无误后吊笼下降，并逐渐释放吊笼顶上的随行电缆。此时必须小心，不要拉伤、刮伤电缆。

9）吊笼下至最底部后，将随行电缆挂入电缆滑车的轮槽中，并调整随行电缆长度，使滑车底部离地面 400～500 mm。

10）安装电缆护架，安装时应注意使电缆都在护架圈中，电缆臂能顺利地通过护架上的弹性体。电缆护架的安装间距为每 6 m一套。

（2）当施工升降机导轨架属分阶段安装，且一开始就安装专用电缆滑车时，按下列程序进行。

1）初始安装时，同上述（1），只是要注意固定电缆托架直接装到导轨架最顶端，且多余的电缆（固定电缆和随行电缆）均从固定电缆托架处顺到导轨架中间，且适当固定，以防压挂损坏。

2）当升降机导轨架安装高度 $H_1 \geqslant 2H_2-6\ \mathrm{m}$ 时（式中，H_1为已安装导轨架高度，H_2为固定电缆托架安装高度）。将导轨架中的电缆拉到吊笼顶上，将随行电缆的两头在吊笼上适当固定，使吊笼上升时，电缆滑车能随吊笼一起上升，从导轨架上拆下固定电缆托架，移装到现安装最高处，直到 $H_2 < H_1/2+6\ \mathrm{m}$ 时，不再移动固定电缆托架。

3）固定电缆托架重新安装固定后，放松随行电缆，按上述（1）中 9）的要求调整随行电缆长度并固定好多余电缆，应注意固定电缆托架原安装位置与现安装位置间的固定电缆必须与导轨架固定，以防损坏。

14. 安装天轮和对重钢丝绳

对于有对重的施工升降机，在导轨架安装完毕后应进行天轮和对重钢丝绳的安装。

（1）将吊笼下降到升降机底部位置，用吊杆将天轮吊至吊笼顶部，然后将升降机升至距导轨架顶端约 0.5 m 处，用吊杆将天轮吊到导轨架顶部，用螺栓连接固定。

（2）将吊笼顶部钢丝绳架中的钢丝绳一端放出，穿过对重绳轮和导轨架顶部的天轮，然后放到相应的对重一侧的地面上。钢丝绳的长度应保证吊笼到达最大提升高度时，对重离缓冲弹簧的距离不小于 500 mm。

（3）每个吊笼对重均有两根连接钢丝绳。将两根钢丝绳分别与对重上部的自动调整块连接，每根钢丝绳用三个绳夹固定，如图 5—17 所示。用同一种方法将另一端与吊笼顶部的对重绳轮固定，如图 5—18 所示。

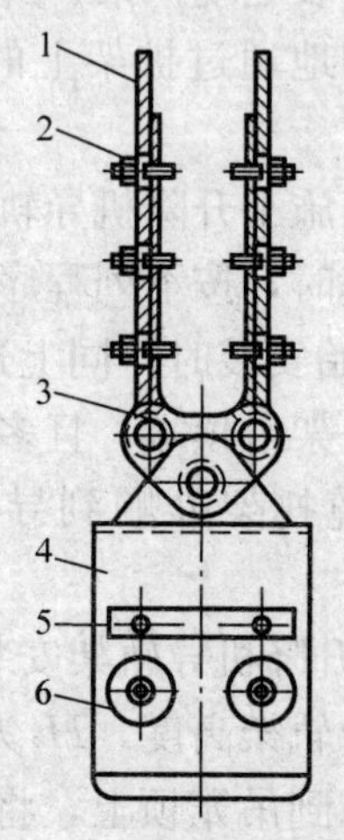

图 5—17　钢丝绳与对重连接

1—对重钢丝绳　2—钢丝绳夹　3—对重绳轮　4—对重　5—滑轮保护架　6—导向滑轮

（4）安装时，需始终按下紧急停机开关或将防止误动作开关扳至停机位置，安装完毕后将紧急停机开关复位。

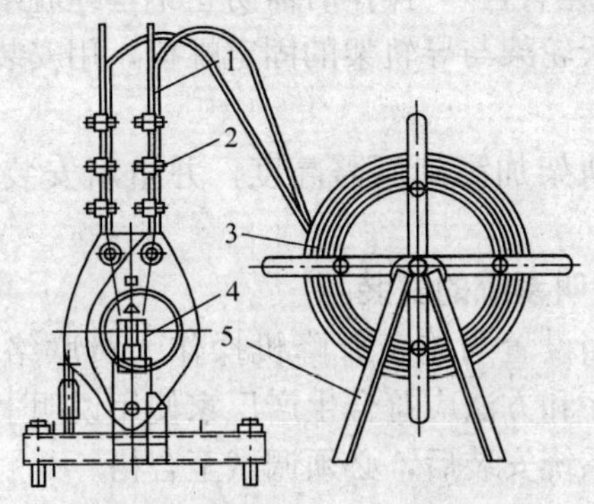

图 5—18　钢丝绳与对重绳轮连接

1—对重钢丝绳　2—钢丝绳夹　3—对重绳轮
4—断绳限位开关　5—钢丝绳架

15. 安装上限位碰块

用钩形螺栓将上限位碰块和上极限碰块安装在导轨架上部。首先调整上限位碰块，上限位碰块的安装位置应保证吊笼向上运行触发上限位开关而停止后，吊笼上部安全距离不小于 1.8 m。

上限位碰块的安装位置应保证上极限碰块与上限位碰块之间的越程距离为 0.15 m。

16. 导轨架再次加高后天轮和对重钢丝绳的安装

因工程需要，施工升降机导轨架需加高时，需将天轮架拆下，方能对导轨架进行加高安装。具体程序如下：

（1）在吊笼顶部操纵吊笼升至导轨架顶部。

（2）拆除导轨架顶部上限位装置的限位碰块。

（3）操纵吊笼上升，将对重装置缓缓降到地面的缓冲弹簧上。

（4）拆去天轮架滑轮的防护罩，将钢丝绳从偏心绳具和天轮架上取下，并将其挂在导轨架上。也可将钢丝绳放至顶部楼面（连同钢丝绳盘绳装置），操作时需防止钢丝绳脱落。

（5）拆除天轮架与导轨架的固定螺栓，用安装吊杆将天轮架拆下。

（6）将导轨架加高到所需高度，并重新安装天轮和对重钢丝绳。

17. 楼层呼叫系统的安装

各楼层应当设置与施工升降机操作人员联络的楼层呼叫装置，其安装程序和方法应符合生产厂家使用说明书的要求。

楼层呼叫系统安装后，必须调试至合格。

第三节　施工升降机的安装自检

施工升降机安装完毕，应进行通电试运转、调试和整机性能试验。

一、安装自检的内容和要求

安装自检时应当按照施工升降机的安全技术标准及安装使用说明书的有关要求对金属结构件、传动机构、附墙装置、安全装置、对重系统和电气系统等进行检查，自检后应填写安装自检表。

二、施工升降机的调试

施工升降机的调试是安装自检工作的重要组成部分之一，是安全使用施工升降机的保证措施。调试包括调整和试验两方面内容。调整需在反复试验中进行，试验后一般也要进行多次调整，直至符合要求。

1. 导轨架垂直度的调试

升降机吊笼空载降至最低点，从垂直于吊笼长度方向与平行于吊笼长度方向分别使用经纬仪测量导轨架的安装垂直度，重复三次取平均值。如垂直度偏差超过规定值，可调整附墙架的调节杆，使导轨架的垂直度符合标准要求。

2. 导向滚轮与导轨架的间隙调试

用塞尺检查导向滚轮与导轨架的间隙，不符合要求时应予以调整。松开导向滚轮的固定螺栓，用专用扳手转动偏心轴，调整后导向滚轮与导轨架立柱管的间隙应为 0.5 mm，调整完毕后务必将螺栓紧固。

3. 齿轮与齿条啮合间隙调试

用压铅法测量齿轮与齿条的啮合间隙，不符合要求时应予以调整。松开传动板和安全板上的背轮螺母，用专用扳手转动偏心套，调整齿轮与齿条的啮合间隙、背轮与齿轮背面的间隙。调整后齿轮与齿条的侧向间隙应为 0.2～0.5 mm，背轮与齿条背面的间隙应为 0.5 mm，调整后将螺母拧紧。

4. 上限位碰块、减速限位碰块、下限位碰块及上、下极限碰块调试

（1）上限位碰块

在吊笼顶部操作，将吊笼向上提升，当上限位开关触发时，上部安全距离应不小于 1.8 m。如位置出现偏差，应调整上限位碰块位置，并用钩头螺栓固定。

（2）减速限位碰块（变频调速施工升降机）

在吊笼内操作，将吊笼下降到吊笼底与外笼门槛平齐时（满载），减速限位碰块应与减速限位开关接触并有效。如位置出现偏差，应重新安装减速限位碰块，并用螺栓固定。

（3）下限位碰块

使吊笼继续下降，下限位开关应与下限位碰块有效接触，使吊笼制停。如位置出现偏差，应调整下限位碰块位置，并用螺栓固定。

（4）上、下极限碰块

1）上极限碰块的安装位置应确保上极限碰块与上限位碰块之间的越程距离为 0.15 m。

2）下极限碰块的安装位置应确保吊笼在碰到缓冲器之前下限位开关先动作。

调整限位碰块时，对于双吊笼施工升降机，一吊笼进行调试作业，另一吊笼必须停止运行。

5. 变频调速施工升降机的快速运行调试

对于变频调速施工升降机，必须在生产厂家指导下调整变频器的参数，直至施工升降机运行速度达到规定值。

三、施工升降机的整机性能试验

施工升降机的整机性能试验应具备下列条件：环境温度为－2～＋40℃，现场风速不应大于 13 m/s，载荷允许偏差不大于 1％，电源电压值偏差不大于 5％。

1. 空载试验

施工升降机吊笼空载时应全行程进行不少于 3 个工作循环的空载试验，每一工作循环的升降过程中应进行不少于 2 次的制动，其中在半行程处应至少进行一次吊笼上升和下降的制动试验，检查吊笼有无制动瞬时滑移现象。若滑动距离超过标准值，则说明制动器的制动力矩不够，应压紧其电动机尾部的制动弹簧。

2. 安装试验

安装试验也就是安装工况下不少于 2 个标准节的接高试验。试验时首先将吊笼离地 1 m，向吊笼平稳、均匀地加载至额定载重量的 125％，然后切断动力电源，进行静态试验 10 min，吊笼不应下滑，也不应出现其他异常现象。若滑动距离超过标准值，则说明制动器的制动力矩不够，应压紧其电动机尾部的制动弹簧。有对重的施工升降机，应当在不安装对重的工况下进行此试验。

3. 额定载重量试验

在吊笼内装额定载重量，载荷重心位置按吊笼宽度方向均向远离导轨架方向偏六分之一宽度，长度方向均向附墙架方向偏六分之一长度的内偏以及反向偏移六分之一长度的外偏，按所选电动机的工作制，各做全行程连续运行 30 min 的试验，每一工作循环的升降过程应进行不少于一次的制动。吊笼应运行平稳，启动、制动正常，无异常响声；吊笼停止时，不应出现下滑现象，在中途再启动上升时，不允许出现瞬时下滑现象。额定载重量试验后记录减速器油液的温升，蜗轮蜗杆减速器油液温升不得超过 60℃，其他减速器油液温升不得超过 45℃。

双吊笼施工升降机应按左、右吊笼分别进行额定载重量试验。

4. 超载试验

吊笼内均匀布置的载荷为额定载重量的 125%，工作行程为全行程，工作循环不得少于 3 个，每一工作循环的升降过程中应进行不少于一次的制动。吊笼应运行平稳，启动、制动正常，无异常响声，吊笼停止时不应出现下滑现象。

5. 坠落试验

首次使用或转移工地后重新安装的施工升降机，必须在投入使用前进行额定载重量坠落试验。施工升降机投入正常运行后，还需每隔三个月定期进行一次坠落试验。以确保施工升降机的使用安全。坠落试验的一般程序如下：

（1）在吊笼中加载额定载重量。

（2）切断地面电源箱的总电源。

（3）将坠落试验按钮盒的电缆插头插入吊笼电气控制箱底部的坠落试验专用插座中。

（4）把坠落试验按钮盒的电缆固定在吊笼上电气控制箱附

近，将按钮盒设置在地面。坠落试验时，应确保电缆不会被挤压或卡住。

(5) 吊笼内所有人员撤离，关上全部吊笼门和围栏门。

(6) 合上地面电源箱中的主电源开关。

(7) 按下坠落试验按钮盒标有上升符号的按钮（符号为↑），驱动吊笼上升至离地面 3～10 m。

(8) 按下坠落试验按钮盒标有下降符号的按钮（符号为↓），并持续按住这个按钮。这时，电动机制动器松闸，吊笼下坠。当吊笼下坠速度达到临界速度，防坠安全器将动作，将吊笼制动停止。

当防坠安全器未能按规定要求动作而制动吊笼时，必须将吊笼上电气控制箱上的坠落试验插头拔下，操纵吊笼下降至地面后，查明防坠安全器不动作的原因，排除故障后，才能再次进行试验。必要时需送生产厂校验。

(9) 防坠安全器按要求动作后，驱动吊笼上升至高一层的停靠站。

(10) 拆除试验电缆。此时，吊笼应无法启动。因当防坠安全器动作时，其内部的电控开关已动作，以防止吊笼在试验电缆已拆除而防坠安全器尚未按规定要求复位的情况下被启动。

6. 防坠安全器动作后的复位

坠落试验后或防坠安全器每发生一次动作，均需将防坠安全器复位。在正常操作中，防坠安全器发生动作后，需查明发生动作的原因，并采取相应的措施。在查清原因、排除故障后，才可对防坠安全器进行复位。防坠安全器未复位前，严禁继续操作施工升降机。防坠安全器复位前应检查电动机、制动器、蜗轮减速器、联轴器、吊笼滚轮、对重滚轮、驱动小齿轮、安全器齿轮、齿条、背轮和安全器的安全开关等零部件是否完好，连接是否牢固，安装位置是否符合规定。

目前，常用的渐进式防坠安全器，根据外观构造可分为两种类型，一种是后端只有后盖（防坠安全器Ⅰ），另一种是在后盖上有一个小罩盖（防坠安全器Ⅱ）。两种防坠安全器的复位方法有所不同。

（1）防坠安全器Ⅰ的复位操作（见图 5—19）

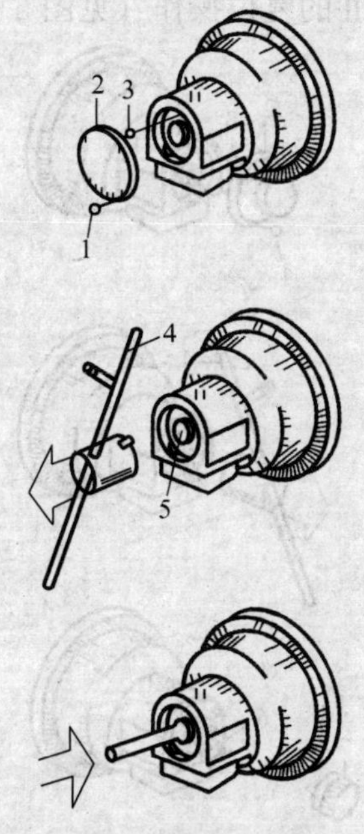

图 5—19　防坠安全器Ⅰ的复位操作过程

1、3—螺钉　2—后盖　4—专用工具　5—铜螺母

1）断开主电源。

2）旋出螺钉 1，拆下后盖 2，旋出螺钉 3。

3）用专用工具 4 旋出铜螺母 5，直至弹簧销的端部和防坠安全器外壳后端面平齐，这时防坠安全器的安全开关已复位。

4）安装螺钉 3。

5）接通主电源，驱动吊笼向上运行 300 mm 以上，使离心块复位。

6）用锤子通过铜棒敲击安全器后螺杆。

7）装上后盖 2，旋紧螺钉 1。

8）若复位后，外锥体摩擦片未脱开，可用锤子通过铜棒敲击安全器后螺杆，迫使其脱离，达到复位作用。

（2）防坠安全器Ⅱ的复位操作（见图 5—20）

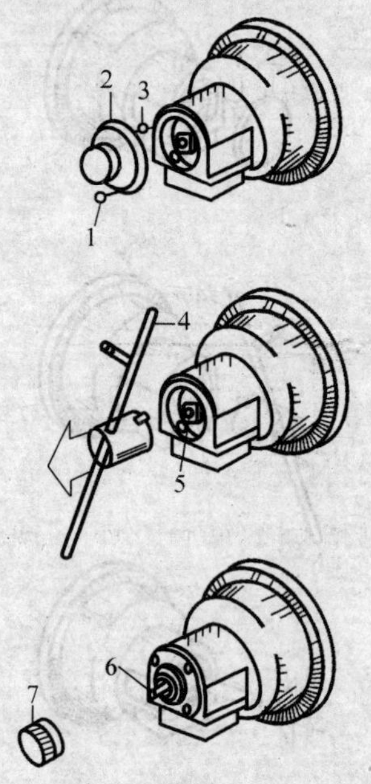

图 5—20　防坠安全器Ⅱ复位操作过程

1、3—螺钉　2—后盖　4—专用工具　5—铜螺母　6—螺栓　7—罩盖

1）断开主电源。

2）旋出螺钉 1，拆下后盖 2，旋出螺钉 3。

3）用专用工具 4 旋出铜螺母 5，直至弹簧销的端部和防坠安全器外壳后端面平齐，这时防坠安全器的安全开关已复位。

4）安装螺钉 3。

5）接通主电源，驱动吊笼向上运行 300 mm 以上，使离心块复位。

6）装上后盖 2，旋紧螺钉 1，旋下罩盖 7，用手旋紧螺栓 6。

7）用专用工具 4 把螺栓 6 再旋紧 30°左右，然后立即反向退至上一步的初始位置。

8）装上罩盖 7。

第四节　施工升降机的验收

施工升降机经安装单位自检合格交付使用前，应当经有相应资质的检验检测机构监督检验。监督检验合格后，使用单位应当组织产权（出租）、安装、监理等有关单位进行综合验收，验收合格后方可投入使用；未经验收或者验收不合格的施工升降机不得使用。实行总承包的，由总承包单位组织产权（出租）、安装、使用、监理等有关单位进行验收。

验收内容主要包括技术资料、标识与环境，以及自检情况等。

第五节　施工升降机的拆卸

一、拆卸前的检查

（1）检查各机构的运行情况。

（2）检查拆卸施工升降机的基础部位及附墙装置。

（3）检查拆卸现场周边环境，确保作业场地路面平整坚实，不得有任何障碍物。

二、拆卸作业程序

施工升降机的拆卸程序是安装程序的逆程序，一般按照先装后拆、自上而下的顺序进行。

（1）将操纵盒置于吊笼顶部。对有驾驶室的施工升降机，需将加节按钮盒接线插头插至驾驶室操纵箱的相应插座上，并将操纵箱上的控制旋钮旋至“加节”位置，再将加节按钮盒置于吊笼顶部。对无驾驶室的施工升降机，需将吊笼内的操纵盒移至吊笼顶部。

（2）在吊笼顶部安装好吊杆。

（3）使吊笼提升到导轨架顶部，拆卸上极限碰块和上限位碰块。

（4）拆除对重的缓冲弹簧，并在对重下垫上足够高的枕木。

（5）使吊笼缓缓上升适当距离，让对重平稳地停在所垫枕木上，使钢丝绳卸载。

（6）从对重上和偏心绳具上卸下钢丝绳，用吊笼顶的钢丝绳轮收起所有的钢丝绳。

（7）拆卸天轮架。

（8）拆卸导轨架、附墙架，同时拆卸电缆导向装置。

（9）保留三节导轨架组成的最下部导轨架，然后拆除吊杆，吊笼停至缓冲弹簧上。

（10）切断地面电源箱的总电源，拆卸连接至吊笼的电缆。

（11）将吊笼吊离导轨架。

（12）拆卸缓冲弹簧。

三、拆卸作业注意事项

（1）施工升降机拆卸过程中，应认真检查各就位部件的连接与紧固情况，发现问题及时整改，确保拆卸时施工升降机工作安全可靠。

（2）拆卸导轨架时，要确保吊笼的最高导向滚轮的位置始终处于被拆卸的导轨架接头之下，且吊具和安装吊杆都已到位，然后才能卸去连接螺栓。

(3) 拆卸导轨架时，先将导轨架连接螺栓拆下，然后用吊杆将导轨架放至吊笼顶部，吊笼落到底层，卸下导轨架。注意吊笼顶部的导轨架不得超过 3 节。

(4) 拆卸工作完成后，拆卸下的螺栓、轴销、开口销应分类存放，保管妥当。施工场地上作业时所用的吊索具、工具、辅助用具和各种零配件及杂物等应及时清理。

第六章

施工升降机的维护保养与常见故障排除

第一节 施工升降机的维护保养

在机械设备投入使用后，对设备的检查、清洁、润滑、防腐以及对部件的更换、调试、紧固和位置、间隙的调整等工作统称为设备的维护保养。为了使施工升降机经常处于完好和安全运转的状态，避免和消除在运转工作中可能出现的故障，延长施工升降机的使用寿命，必须及时、正确地做好维护保养工作。

一、维护保养的分类

1. 日常维护保养

施工升降机的日常维护保养又称为例行保养，是指在机械设备运行的前、后和运行过程中的保养作业。日常维护保养由设备操作人员进行。

2. 定期维护保养

施工升降机的定期维护保养是指月度、季度及年度的维护保养，以专业维修人员为主，设备操作人员配合进行。

3. 特殊维护保养

施工升降机的特殊维护保养是指除日常维护保养和定期维护保养外，在转场、闲置等特殊情况下还需进行的维护保养。

（1）转场保养

在施工升降机转移到新工地安装使用前，需进行一次全面的维护保养，保证施工升降机状况完好，确保安装、使用安全。

（2）闲置保养

施工升降机在停放或封存期内，至少每月进行一次保养，重点是清洁和防腐，由专业维修人员进行。

二、维护保养的方法

维护保养一般采用“十字作业”法，即“清洁、紧固、调整、润滑、防腐”。

1. 清洁

清洁，是指对机械各部位的油泥、污垢、尘土等进行清除工作，目的是减少部件的锈蚀，减小运动零件的磨损，保持良好散热，以及为检查提供良好的观察条件等。

2. 紧固

紧固，是指对连接件进行检查、拧紧等工作。机械运转过程中产生的振动容易使连接件松动，如不及时紧固，可能引起漏油、漏电等，有些关键部位的连接松动，轻则导致零件变形，重则会出现零件断裂、分离现象，甚至导致机械事故发生。

3. 调整

调整，是指对机械零部件的间隙、行程、角度、压力、松紧、速度等及时进行检查调节，以保证机械正常运行。特别是要对制动器、减速器等关键机构进行适当调整，确保其动作灵活可靠。

4. 润滑

润滑，是指按照相关规定和要求选用并定期加注或更换润滑油，以保持机械运动零件间的良好运动，减小零件磨损。

5. 防腐

防腐，是指对机械设备和部件进行防潮、防锈、防酸处理，防止机械零部件和电气设备被腐蚀损坏。最常见的防腐保养是对机械外表进行补漆或涂上油脂等防腐涂料。

三、维护保养的内容和要求

1. 日常维护保养的内容和要求

每班开始工作前，应当进行检查和维护保养，包括目测检查和功能测试，有严重情况时，应当报告有关人员进行停机维修。检查和维护保养情况应及时记入交接班记录。检查一般应包括以下内容。

（1）电气系统与安全装置

1）线路电压是否符合额定值及其偏差范围。

2）机件有无漏电现象。

3）限位装置及机械电气联锁装置工作是否正常、动作是否灵敏可靠。

（2）制动器

检查制动器性能是否良好、能否可靠制动。

（3）标牌

检查机器上所有标牌是否清晰、完整。

（4）金属结构

1）施工升降机金属结构的焊缝有无脱焊及开裂。

2）附墙架固定是否牢靠，停层过道是否平整。

3）防护栏杆是否齐全。

4）各部件连接螺栓有无松动。

（5）导向滚轮装置

1）侧滚轮、背轮、上下滚轮部件的定位螺钉和紧固螺栓有无松动。

2）滚轮是否能转动灵活，与导轨的间隙是否符合规定值。

（6）对重及其悬挂钢丝绳

1）对重运行区内有无障碍物，对重导轨及其防护装置是否正常完好。

2）钢丝绳有无损坏，其连接点是否牢固可靠。

（7）地面防护围栏和吊笼

1）围栏门和吊笼门是否启闭自如。

2）吊笼紧急出口是否正常。

3）通道区有无其他杂物堆放。

4）吊笼运行区间有无障碍物，笼内是否保持清洁。

（8）电缆和电缆导向装置

1）电缆是否完好、无破损。

2）电缆导向装置是否可靠有效。

（9）传动、变速机构

1）各传动、变速机构有无异响。

2）蜗轮箱油位是否正常，有无渗漏现象。

（10）润滑系统

检查润滑系统有无漏油、渗油现象。

2. 月度维护保养的内容和要求

月度维护保养除按日常维护保养的内容和要求进行外，还要按照以下内容和要求进行检查与保养。

（1）导向滚轮装置

检查滚轮轴支撑架紧固螺栓是否可靠紧固。

（2）对重及其悬挂钢丝绳

1）对重导向滚轮的紧固情况是否良好。

2）天轮架工作是否正常可靠。

3）钢丝绳有无严重磨损和断丝。

（3）电缆和电缆导向装置

1）电缆支撑臂和电缆导向装置之间的相对位置是否正确。

2）导向装置弹簧功能是否正常，电缆有无扭曲、破坏。

（4）传动、减速机构

1）机械传动装置安装紧固螺栓是否松动，特别是提升齿轮副的紧固螺钉是否松动。

2）电动机散热片是否清洁，散热功能是否良好。

3）减速器油箱内油位是否降低。

（5）制动器

检查试验制动器的制动力矩是否符合要求。

（6）电气系统与安全装置

1）吊笼门与围栏门的电气机械联锁装置，上、下限位装置，吊笼单行门、双行门联锁装置等性能是否良好。

2）导轨架上的限位碰块位置是否正确。

（7）金属结构

1）重点查看导轨架标准节之间的连接螺栓是否牢固。

2）附墙架是否稳固，螺栓是否松动；表面防护是否良好，有无脱漆和锈蚀；构架是否变形。

3. 季度维护保养的内容和要求

季度维护保养除按月度维护保养的内容和要求进行外，还要按照下列内容和要求进行检查与保养。

（1）导向滚轮装置

1）检查导向滚轮的磨损情况。

2）确认滚珠轴承是否良好，是否有严重磨损，调整与导轨之间的间隙。

（2）齿条及齿轮

1）检查提升齿轮副的磨损情况，检测其磨损量是否大于规定的最大允许值。

2）用塞尺检查蜗轮减速器的蜗轮磨损情况，检测其磨损量是否大于规定的最大允许值。

（3）电气系统与安全装置

在额定载荷下进行坠落试验，检测防坠安全器的性能是否可靠。

4. 年度维护保养的内容和要求

年度维护保养应全面检查各零部件，除按季度维护保养的内容和要求进行外，还应按照下列内容和要求进行检查与保养。

（1）传动、减速机构

检查驱动电动机和蜗轮减速器、联轴器的接合是否良好，传动是否安全可靠。

（2）对重及其悬挂钢丝绳

检查悬挂对重的天轮架是否牢固可靠，检查天轮轴承磨损程度，必要时应予以调换。

（3）电气系统与安全装置

复核防坠安全器的出厂日期，对超过标定年限的，应通知有相应资质的检测机构进行重新标定，合格后方可使用。此外，在进入新的施工现场使用前应按规定进行坠落试验。

四、主要零部件的维护保养

1. 零部件磨损的测量

以某型号施工升降机为例，说明滚轮、齿条等零部件磨损程度的测量方法。

（1）滚轮的磨损极限

1）测量方法。用游标卡尺测量相应尺寸，如图 6—1 所示。

2）滚轮的极限磨损量见表 6—1。

表 6—1　　滚轮的极限磨损量

测量尺寸	新滚轮（mm）	磨损的滚轮（mm）
A	$\phi80$	最小 $\phi78$
B	79±3	最小 76
C	*R*40	最小 *R*42

（2）齿轮的磨损极限

用公法线千分尺测量齿轮磨损极限，跨两齿侧公法线长度，

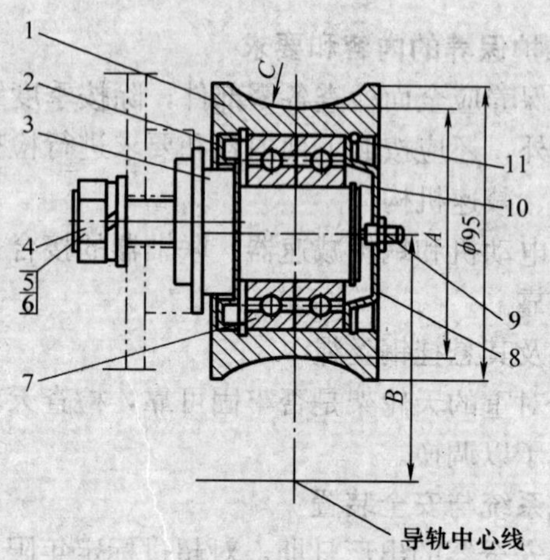

图 6—1　滚轮磨损量的测量

1—滚轮　2—油封　3—滚轮轴　4—螺栓　5、6—垫圈　7—轴承
8—端盖　9—油杯　10—挡圈　11—轴承挡圈　*A*—滚轮直径
B—滚轮与导轨架主弦杆的中心距　*C*—滚轮凹面圆弧半径

如图 6—2a 所示。当新齿轮相邻齿公法线长度 $L=37.1$ mm 时，允许磨损后相邻齿公法线最大长度 $L=35.8$ mm。

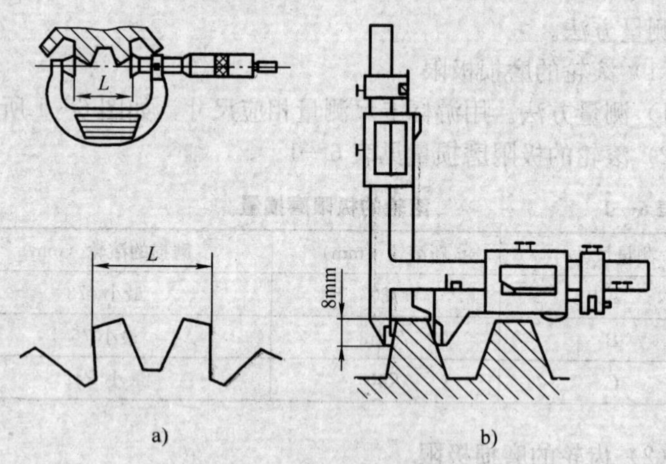

图 6—2　齿轮齿条的测量

a）齿轮的测量　b）齿条的测量

（3）齿条的磨损极限

用游标卡尺测量齿条的齿宽，如图 6—2b 所示。当新齿条齿宽为 12.566 mm 时，磨损后齿宽不得小于 11.6 mm。

（4）背轮的磨损极限

背轮的磨损极限可通过游标卡尺测量背轮外圈直径确定。当新背轮外圈直径为 124 mm 时，磨损后不得小于 120 mm。

（5）电动机旋转制动盘的磨损极限

用塞尺测量电动机旋转制动盘磨损量，如图 6—3 所示。当旋转制动盘摩擦材料单面厚度 a 磨损到接近 1 mm 时，必须更换制动盘。

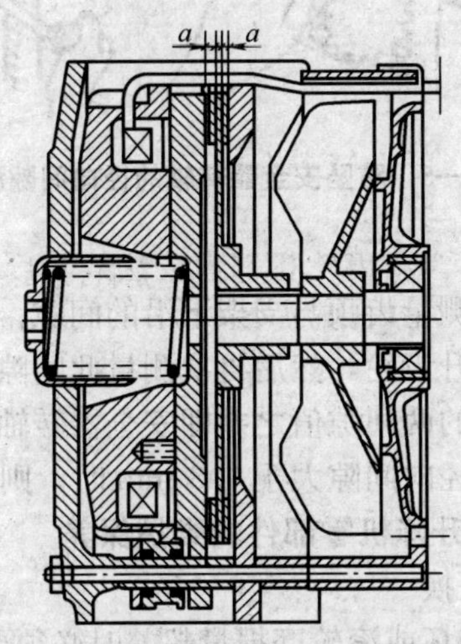

图 6—3　电动机旋转制动盘磨损量的测量

（6）减速器蜗轮的磨损极限

通过减速器上的检查孔，用塞尺测量减速器蜗轮的磨损极限，如图 6—4 所示。允许的最大磨损量为 L=1 mm。

（7）防坠安全器转轴的径向间隙

防坠安全器转轴的径向间隙测量如图 6—5 所示。

1）用 C 形夹具将测量支架紧固在安全器的齿轮上方

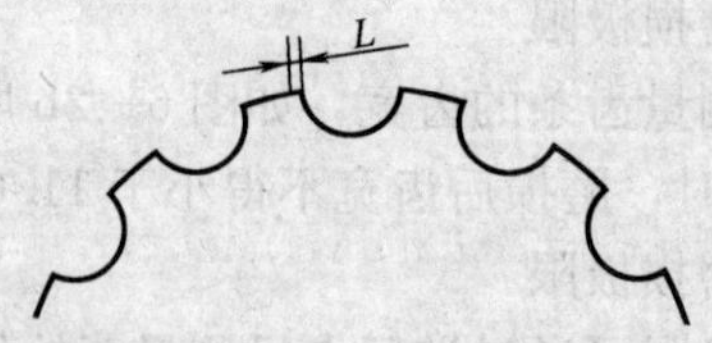

图 6—4　蜗轮磨损量的测量

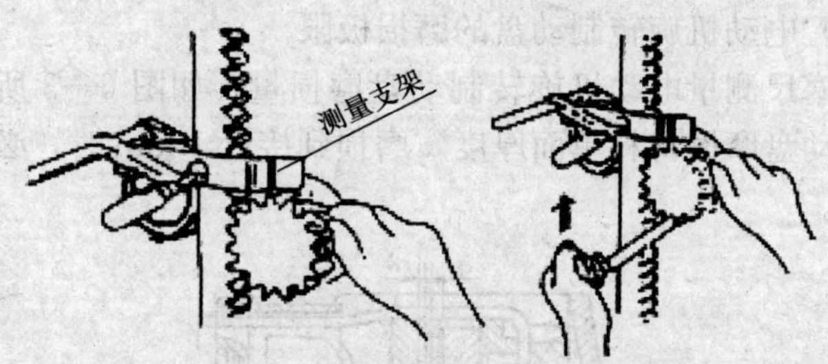

图 6—5　防坠安全器转轴的径向间隙测量

约1 mm 处。

2）利用塞尺测量齿顶与支架下沿的间隙。

3）用杠杆提升齿轮，然后再次测量此间隙。

4）以上测得的两间隙值之差即安全器转轴的径向间隙。

5）若测得的径向间隙大于 0.3 mm 时，则应更换安全器。

2. SC 型施工升降机零部件的维护保养

（1）滚轮的更换

当滚轮轴承损坏或滚轮磨损量超差时必须更换，步骤如下：

1）吊笼落至地面，用木块垫稳。

2）用扳手松开并取下滚轮连接螺栓，取下滚轮。

3）装上新滚轮，调整好滚轮与导轨之间的间隙，使用扭力扳手紧固滚轮连接螺栓，拧紧力矩应达到 200 N·m。

（2）背轮的更换

当背轮轴承损坏或背轮外圈磨损量超差时必须进行更换，步骤如下：

1）将吊笼降至地面，用木块垫稳。

2）将背轮连接螺栓松开，取下背轮。

3）装上新背轮并调整好齿条与齿轮的啮合间隙，使用扭力扳手紧固背轮连接螺栓，拧紧力矩为 300 N·m。

（3）减速器驱动齿轮的更换

当减速器驱动齿轮齿型磨损达到极限时必须进行更换，如图 6—6 所示，步骤如下：

1）将吊笼降至地面，用木块垫稳。

2）拆掉电动机接线，松开电动机制动器，拆下背轮。

2）松开驱动板连接螺栓，将驱动板从驱动架上取下。

4）拆下减速机驱动齿轮外轴端圆螺母及锁片，拔出小齿轮。

5）将轴径表面擦洗干净并涂上黄油。

6）将新齿轮装到轴上，上好圆螺母及锁片。

7）将驱动板重新装回驱动架，穿好连接螺栓（先不要拧紧）并安装好背轮。

8）调整好齿轮啮合间隙，使用扭力扳手将背轮连接螺栓、驱动板连接螺栓拧紧，拧紧力矩应分别达到 300 N·m 和 200 N·m。

9）恢复电动机制动器，并接好电动机及制动器接线。

10）通电试运行。

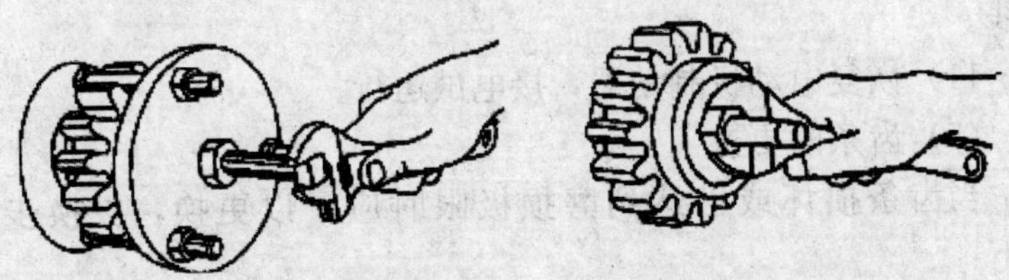

图 6—6　更换减速器驱动齿轮

（4）减速器的更换

当吊笼在运行过程中减速器出现异常发热、漏油、梅花形弹性橡胶块损坏等情况而使机器出现振动，或减速器由于吊笼撞底使齿轮轴弯曲等时，应对减速器及其零部件进行更换，更换步骤如下：

1）将吊笼落至地面，用木块垫稳。

2）拆掉电动机线，松开电动机制动器，拆下背轮。松开驱动板连接螺栓，将驱动板从驱动架上取下。

3）取下电动机箍，松开减速器与驱动板间的连接螺栓，取下驱动单元。

4）松开电动机与减速器之间的法兰盘连接螺栓，将减速器与电动机分开。

5）将减速器内剩余油放掉，取下减速器输入轴的半联轴器。

6）将新减速器输入轴擦洗干净并涂油，装好半联轴器。如联轴器装入时较紧，切勿用锤子重击，以免损坏减速器。

7）将新减速器与电动机连接好，正确装配橡胶缓冲块，拧好连接螺栓。

8）将新驱动单元装在驱动板上，用螺栓紧固，装好电动机箍。

9）安装驱动板，用 200 N·m 力矩拧紧驱动板连接螺栓，安装背轮，用 300 N·m 力矩拧紧背轮连接螺栓。

10）重新调整好齿轮与齿条之间的啮合间隙，给电动机重新接线。

11）恢复电动机制动器，接电试运行。

（5）齿条的更换

当齿条损坏或已达到磨损极限时应予以更换，更换步骤如下：

1）松开齿条连接螺栓，拆卸磨损或损坏的齿条，必要时允许用气割等工艺手段拆除齿条及其固定螺栓，清洁导轨架上的齿条安装螺孔，并用特制涂定液做标记。

2）按标定位置安装新齿条，其位置偏差、齿条与导轨架立柱中心线的距离如图 6—7 所示。螺栓拧紧力矩为 200 N·m。

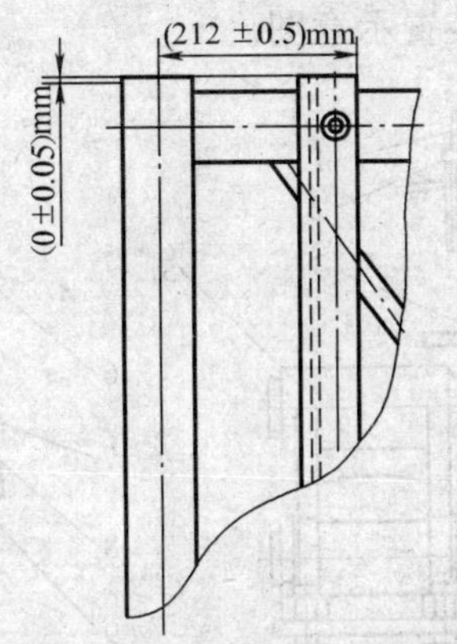

图 6—7　齿条安装位置偏差及齿条与导轨架立柱中心线的距离

（6）防坠安全器的更换

防坠安全器达到报废标准时应及时更换，更换步骤如下：

1）拆下防坠安全器下部开关罩，拆下微动开关接线。

2）松开防坠安全器与驱动板之间的连接螺栓，取下防坠安全器。

3）装上新防坠安全器，用 200 N·m 力矩拧紧连接螺栓，调整防坠安全器齿轮与齿条之间的啮合间隙。

4）接好微动开关接线，装好上开关罩。

5）进行坠落实验，检查防坠安全器的制动情况。

6）按防坠安全器复位说明进行复位。

7）润滑防坠安全器。

3. SS 型施工升降机零部件的维护保养

（1）断绳保护装置和安全停靠装置制动块的更换

当长时间使用 SS 型施工升降机后，升降机楔块式保护装置的断绳保护装置和安全停靠装置的制动块会磨损，当制动块磨损不严重时，可不更换制动块，直接调节弹簧的预紧力，使制动状态时制动块制动灵敏，非制动状态时两制动块离开导轨。图 6—8 所示为断绳保护装置示意图。

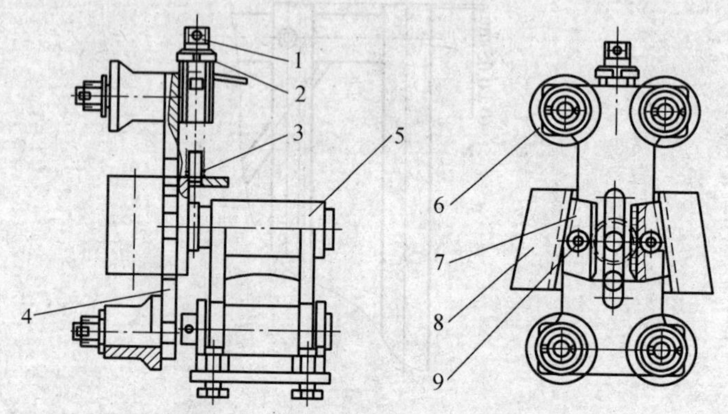

图 6—8　断绳保护装置示意图

1—调节螺栓　2—圆螺母　3—压缩弹簧　4—导轮架　5—防坠安全器连接架
6—导轮　7—制动块　8—托架　9—内六角螺栓

当制动块磨损严重时，应当将断绳保护装置和安全停靠装置从吊笼上拆下，更换制动块，更换方法和具体步骤如下：

1）将钢丝绳楔形接头的销轴拔出，卸下防坠安全器连接架 5 的连接螺栓，将断绳保护装置和安全停靠装置从吊笼托架上取下。

2）将内六角螺栓 9 松开取下，卸下旧制动块，更换上新制动块，然后将更换好制动块的断绳保护装置再安装到吊笼托架上。

3）调整压缩弹簧 3 的预紧力。通过旋动调节螺栓 1，使制动滑块既不与导轨碰擦、卡滞，又要使停层制动和断绳制动灵敏正常。

4）在制动块的滑槽内加入适量油脂，起到润滑和防锈作用。

5）清洁制动滑块的齿槽摩擦面。

（2）闸瓦电磁制动器的维护保养

闸瓦（块式）电磁制动器是施工升降机中最常用的制动器，

如图 6—9 所示。当制动闸瓦磨损过量而使铆钉露头，或闸瓦磨损量超过原厚度的 1/3 时，应及时更换；制动器心轴磨损量超过标准值的 5%和圆度超过 0.5 mm 时，应更换心轴；杆系弯曲时应校直，有裂纹时应更换；弹簧弹力不足或有裂纹时应更换；各铰链处有卡滞和磨损现象，应及时调整和更换；各处紧固螺钉松动时，及时紧固；制动臂与制动块的连接松紧度不符合要求时，应及时调整。

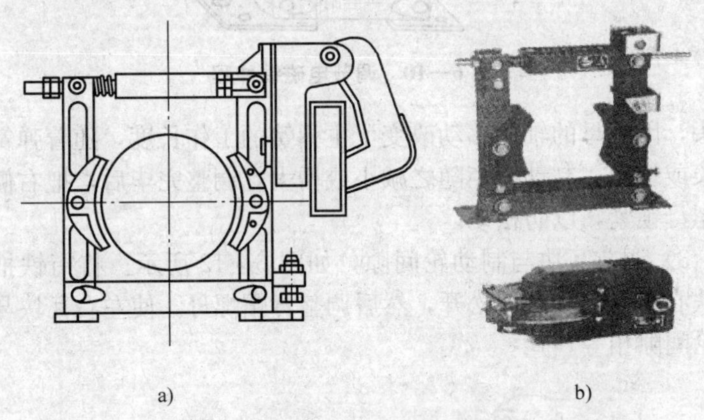

a)　　b)

图 6—9　闸瓦电磁制动器

a）制动器结构　b）制动器与衔铁

闸瓦电磁制动器的维修与保养内容主要是调节电磁铁冲程、调节主弹簧长度、调节瓦块与制动轮间隙等，一般可按下列步骤进行：

1）调节电磁铁冲程，如图 6—10 所示。先用扳手旋松锁紧的小螺母，然后用扳手夹紧螺母，用另一扳手转动推杆的方头，使推杆前进或后退。前进时顶起衔铁，冲程增大；后退时衔铁下落，冲程减小。

2）调节主弹簧长度，如图 6—11 所示。先用扳手夹紧推杆的方头和旋松锁紧螺母，然后旋松或夹住调整螺母，转动推杆的

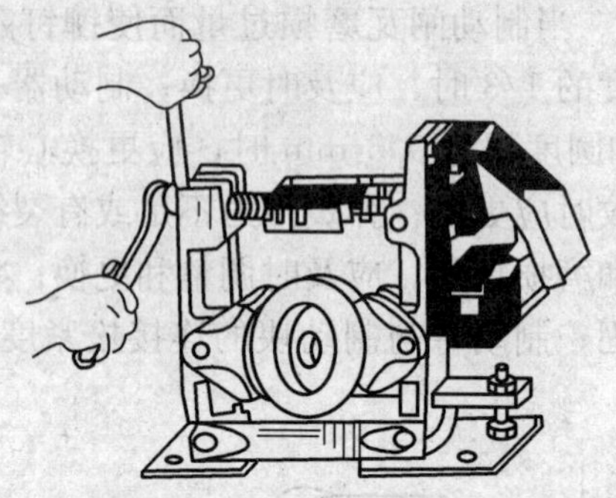

图 6—10　调节电磁铁冲程

方头，因螺母的轴向移动改变了主弹簧的工作长度，随着弹簧的伸长或缩短，制动力矩随之减小或增大，调整完毕后，把右侧锁紧螺母锁紧，以防松动。

3）调节瓦块与制动轮间隙，如图 6—12 所示。将衔铁推压在铁心上，使制动器松开，然后调整背帽螺母，使左右瓦块与制动轮间隙相等。

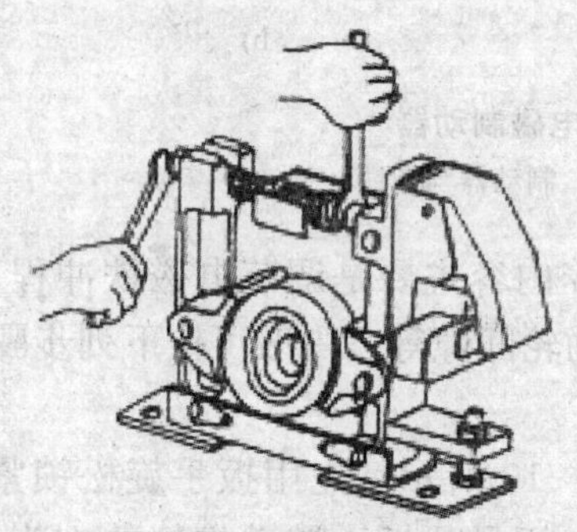

图 6—11　调节主弹簧长度

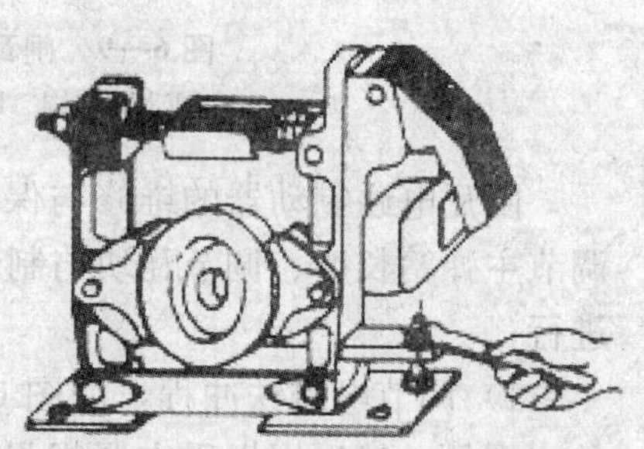

图 6—12　调节瓦块与制动轮间隙

(3) 曳引机曳引轮的维护保养

1）应确保曳引轮绳槽的清洁，不允许在绳槽中加油润滑。

2）当发现绳槽间的磨损深度差最大达到曳引绳直径 d_0 的 1/

10 以上时，应修理车削至深度一致，或更换轮缘，如图 6—13 所示。

3）对于带切口半圆槽，当绳槽磨损至切口深度小于 2 mm 时，应重新车削绳槽，但经修理车削后，切口下面的轮缘厚度应大于曳引绳直径 d_0，如图 6—14 所示，否则应当进行更换。

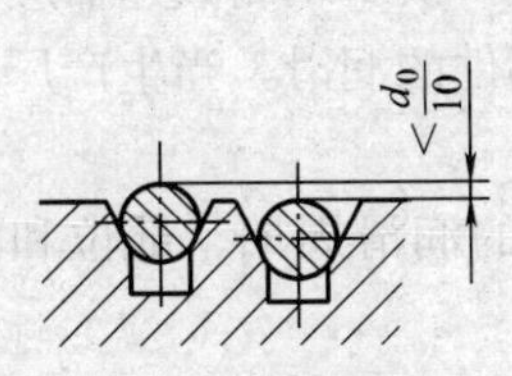

图 6—13　绳槽磨损深度差

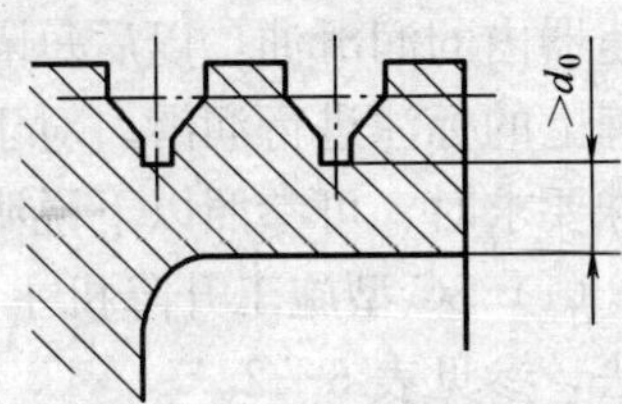

图 6—14　最小轮缘厚度

（4）减速器的维护保养

1）箱体内的油量应保持在油针或油镜的标定范围内，油的规格应符合要求。

2）应按产品说明书的规定进行润滑。

3）应保证箱体内润滑油清洁，当发现杂质明显时，应换新油。对新使用的减速器，在使用一周后，应清洗减速器并更换油液，以后应每年清洗减速器和更换新油。

4）轴承的温升不应超过 60℃，箱体内的油液温升不应超过 60℃，否则，应停机检查原因。

5）当轴承在工作中出现撞击、摩擦等异常噪声，并通过调整也无法排除时，应考虑更换轴承。

（5）电动机的维护保养

1）应确保电动机各部分的清洁，不应让水或油浸入电动机内部。应经常吹净电动机内部和换向器、电刷等部分的灰尘。

2）对使用滑动轴承的电动机，应注意油槽内的油量是否达到油线，同时应保持油的清洁。

3）当电动机转子轴承磨损过大，出现电动机运转不平稳、噪声增大时，应更换轴承。

五、施工升降机的润滑

施工升降机在新机安装后，应按照产品说明书要求进行润滑，说明书没有明确规定的，使用满 40 h 后应清洗并更换蜗轮减速器内的润滑油，以后每隔半年更换一次。蜗轮减速器应参照铭牌上的标注进行润滑。对于其他零部件的润滑，当生产厂家无特殊要求时，可参照以下说明进行。

（1）SC 型施工升降机主要零部件的润滑周期、部位和润滑方法，参见表 6—2。

表 6—2　　SC 型施工升降机润滑表

周期	润滑部位	润滑剂	润滑方法
每月	减速器	N320 蜗轮润滑油	检查油位，不足时加注
	齿条	2 号钙基润滑脂	上润滑脂时，升降机降下并停止使用 2～3 h，使润滑脂凝结
	安全器	2 号钙基润滑脂	油嘴加注
	对重绳轮	钙基脂	加注
	导轨架、导轨	钙基脂	刷涂
	门滑道、门对重滑道	钙基脂	刷涂
	对重导向轮滑道	钙基脂	刷涂
	滚轮	2 号钙基润滑脂	刷涂
	背轮	2 号钙基润滑脂	油嘴加注
	门导轮	N32 齿轮油	油嘴加注
每季度	电动机制动器锥套	N32 齿轮油	滴注，切勿滴到摩擦盘上
	钢丝绳	沥青润滑脂	涂刷
	天轮	钙基脂	油嘴加注
每年	减速器	N320 蜗轮润滑油	清洗、换油

（2）SS 型施工升降机主要零部件的润滑周期、部位和润滑方法，参见表 6—3。

表 6—3　SS 型施工升降机润滑表

周期	润滑部位	润滑剂	润滑方法
每周	滚轮	润滑脂	涂抹
	导轨架、导轨	润滑脂	涂抹
每月	减速器	N46 机油（夏季） N32 机油（冬季）	检查油位，不足时加注
	轴承	ZC—4 润滑脂	加注
	钢丝绳	润滑脂	涂抹
每年	减速器	N46 机油（夏季） N32 机油（冬季）	清洗、更换
	轴承	ZC—4 润滑脂	清洗、更换

六、维护保养的安全注意事项

在进行施工升降机的维护保养和维修时，应注意下列事项：

（1）应切断施工升降机的电源，拉下吊笼内的极限开关，防止吊笼被意外启动或发生触电事故。

（2）在维护保养和维修过程中，不得承载无关人员或物料，同时悬挂检修停用警示牌，禁止无关人员进入检修区域内。

（3）所用的照明行灯必须采用 36V 以下的安全电压，并检查行灯导线、防护罩，确保照明灯具安全使用。

（4）检查基础或吊笼底部时，应首先检查制动器是否可靠，同时切断电动机电源，将吊笼用木方支起，防止吊笼或对重突然下降伤害维修人员。

（5）维护保养和维修人员必须戴安全帽；高处作业时，应穿防滑鞋，系安全带。

（6）应设置监护人员，随时注意维修现场的工作状况，防止安全事故发生。

（7）维护保养后的施工升降机应进行试运转，确认一切正常后，方可投入使用。

第二节　施工升降机常见故障与排除方法

施工升降机在使用过程中不可避免地会出现各种故障，主要是因为工作环境恶劣、维护保养不及时、操作人员违章作业、零部件的自然磨损等。施工升降机发生异常时，操作人员应立即停止作业，及时向有关部门报告，以便及时处理，消除安全隐患，恢复正常工作。

施工升降机的常见故障一般分为机械故障和电气故障两大类。

一、常见机械故障与排除方法

施工升降机由于机械零部件磨损、变形、断裂、卡滞、润滑不良以及相对位置不正确等，造成机械系统不能正常运行，统称为机械故障。机械故障一般比较明显、直观，容易判断。

（1）SC 型施工升降机的常见机械故障与排除方法

SC 型施工升降机常见机械故障现象、故障原因及排除方法见表 6—4。

表 6—4　SC 型施工升降机常见机械故障现象、故障原因及排除方法

序号	故障现象	故障原因	排除方法
1	吊笼运行时振动过大	(1) 导向滚轮连接螺栓松动 (2) 齿轮、齿条啮合间隙过大或缺少润滑 (3) 导向滚轮与背轮间隙过大	(1) 紧固导向滚轮连接螺栓 (2) 调整齿轮、齿条啮合间隙或添注润滑油（脂） (3) 调整导向滚轮与背轮的间隙
2	吊笼启动或停止运行时有跳动现象	(1) 电动机制动力矩过大 (2) 电动机与减速器联轴器内橡胶块损坏	(1) 重新调整电动机制动力矩 (2) 更换联轴器内橡胶块
3	吊笼运行时有电动机跳动现象	(1) 电动机固定装置松动 (2) 电动机橡胶垫损坏或失落 (3) 减速器与传动板连接螺栓松动	(1) 紧固电动机固定装置 (2) 更换电动机橡胶垫 (3) 紧固减速器与传动板连接螺栓
4	吊笼运行时有跳动现象	(1) 导轨架对接阶差过大 (2) 齿条螺栓松动，对接阶差过大 (3) 齿轮严重磨损	(1) 调整导轨架对接阶差 (2) 紧固齿条螺栓，调整对接阶差 (3) 更换齿轮
5	吊笼运行时有摆动现象	(1) 导向滚轮连接螺栓松动 (2) 支撑板螺栓松动	(1) 紧固导向滚轮连接螺栓 (2) 紧固支撑板螺栓

续表

序号	故障现象	故障原因	排除方法
6	吊笼启动、制动时振动过大	（1）电动机制动力矩过大 （2）齿轮、齿条啮合间隙不当	（1）调整电动机制动力矩 （2）调整齿轮、齿条啮合间隙
7	制动块磨损过快	制动器推力轴承润滑不良，不能同步工作	润滑或更换轴承
8	制动器噪声过大	（1）制动器推力轴承损坏 （2）制动器转动盘摆动	（1）更换制动器推力轴承 （2）调整或更换制动器转动盘
9	减速器蜗轮磨损过快	（1）润滑油型号不正确或未按时更换 （2）蜗轮、蜗杆中心距偏移	（1）更换润滑油 （2）调整蜗轮、蜗杆中心距

（2）SS 型施工升降机的常见机械故障与排除方法

SS 型施工升降机常见机械故障现象、故障原因及排除方法见表 6—5。

表 6—5　SS 型施工升降机常见机械故障现象、故障原因及排除方法

序号	故障现象	故障原因	排除方法
1	上、下限位开关不起作用	（1）上、下限位开关损坏 （2）限位架和限位碰块移位	（1）更换限位开关 （2）恢复限位架和限位碰块位置

续表

序号	故障现象	故障原因	排除方法
2	吊笼不能正常提升	（1）冬季减速器内润滑油太稠、太多 （2）制动器未彻底分离 （3）超载或超高 （4）停靠装置插销伸出挂在架体上	（1）更换润滑油 （2）调整制动器间隙 （3）减小吊笼载荷，下降吊笼 （4）恢复插销位置
3	吊笼不能正常下降	（1）断绳保护装置误动作 （2）摩擦副损坏	（1）修复断绳保护装置 （2）更换摩擦副
4	制动器失效	（1）制动器各运动部件调整不到位 （2）机构损坏，使运动受阻 （3）制动衬料或制动轮磨损严重，制动衬料或制动块连接铆钉露头	（1）重新调整制动器各运动部件 （2）修复或更换制动器 （3）更换制动衬料或制动轮
5	制动器制动力矩不足	（1）制动衬料和制动轮之间有油垢 （2）制动弹簧过松 （3）活动铰链处有卡滞或磨损过量的零件 （4）锁紧螺母松动，引起调整横杆松脱 （5）制动衬料与制动轮之间的间隙过大	（1）清理油垢 （2）更换弹簧 （3）更换失效零件 （4）紧固锁紧螺母 （5）调整制动衬料与制动轮之间的间隙

续表

序号	故障现象	故障原因	排除方法
6	制动器制动轮温度过高，制动块冒烟	（1）制动轮径向圆跳动严重超差 （2）制动弹簧过紧，电磁松闸器存在故障而不能松闸或松闸不到位 （3）制动器机件磨损，造成制动衬料与制动轮之间位置错误 （4）铰链卡死	（1）修复制动轮与轴的配合 （2）调整松紧螺母 （3）更换制动器机件 （4）修复铰链
7	制动器制动臂不能张开	（1）制动弹簧过紧，造成制动力矩过大 （2）制动块和制动轮之间有污垢而形成粘边现象	（1）调整松紧螺母 （2）清理污垢
8	吊笼停靠时有下滑现象	（1）卷扬机制动器摩擦片磨损过大 （2）卷扬机制动器摩擦片、制动轮沾油	（1）更换摩擦片 （2）清理油垢
9	正常动作时断绳保护装置动作	制动块（钳）压得太紧	调整制动块滑动间隙
10	吊笼运行时有抖动现象	（1）导轨上有杂物 （2）导向滚轮和导轨间隙过大	（1）清除杂物 （2）调整间隙

二、常见电气故障与排除方法

施工升降机由于电气线路、元器件、电气设备，以及电源系统等发生故障，造成用电系统不能正常运行，统称为电气故障。

1. 电气故障查找的基本程序

施工升降机电气故障相对较多，有的故障比较直观，容易判断，有的故障比较隐蔽，难以判断。维修人员在进行检查维修时，一般应当遵循以下基本程序，以便于尽快查出故障，确保维修人员安全。

（1）在诊断电气故障前，维修人员应认真熟悉电气原理图，了解电气元器件的结构与功能。

（2）熟悉电气原理图后，应当对下列事项进行确认。

1）确认吊笼处于停机状态，但控制电路未被断开。

2）确认防坠安全器微动开关、吊笼门开关、围栏门开关等安全装置的触头处于闭合状态。

3）确认紧急停机按钮及停机开关和加节转换开关未被按下。

4）确认上、下限位开关完好，动作无误。

（3）确认地面电源箱内主开关闭合，箱内主接触器已经接通。

（4）检查输出电缆并确认已通电，确认从配电箱至施工升降机电气控制箱的电缆完好。

（5）确认吊笼内电气控制箱电源被接通。

（6）将电压表连接在零位端子和电气原理图上所标明的端子之间，检查需通电的部位，应确认已有电，分端子逐步测试，以排除法找到故障位置。

（7）检查操纵按钮和控制装置发出的“上”“下”指令（电压），确认其已被正确地送到电气控制箱。

（8）试运行吊笼，确保上、下运行主接触器的电磁线圈通电启动，确认制动接触器启动，制动器动作。

针对照明电路等其他辅助电路，也可按上述程序进行故障检查。

2. SC型施工升降机的常见电气故障与排除方法

SC型施工升降机常见电气故障现象、故障原因及排除方法见表6—6。

表6—6　SC型施工升降机常见电气故障现象、故障原因及排除方法

序号	故障现象	故障原因	排除方法
1	总电源开关合闸即跳	电路内部损伤、短路或相线对地短接	找出电路短路或接地的位置，修复或更换
2	断路器跳闸	（1）电缆、限位开关损坏 （2）电路短路或对地短接	（1）更换损坏电缆、限位开关 （2）找出电路短路或接地的位置，修复或更换
3	施工升降机突然停机或不能启动	（1）停机电路及限位开关启动 （2）断路器启动	（1）释放紧急按钮 （2）恢复热继电器功能 （3）恢复其他安全装置
4	启动后吊笼不运行	联锁电路开路	（1）关闭门或释放紧急按钮 （2）检查220 V联锁控制电路
5	电源正常，主接触器不吸合	（1）有个别限位开关没复位 （2）相序接错 （3）元件损坏或线路开路、断路	（1）复位限位开关 （2）重新连接相序 （3）更换元件或修复线路

续表

序号	故障现象	故障原因	排除方法
6	电动机启动困难，并有异常响声	（1）电动机制动器未打开或无直流电压（整流元件损坏） （2）严重超载 （3）供电电压远低于 380 V	（1）恢复制动器功能（调整工作间隙）或恢复直流电压（更换整流元件） （2）减小吊笼载荷 （3）待供电电压恢复至 380 V 再工作
7	运行时，上、下限位开关失灵	（1）上、下限位开关损坏 （2）上、下限位碰块移位	（1）更换上、下限位开关 （2）恢复上、下限位碰块位置
8	操作时，动作不稳定	（1）线路接触不良或端子接线松动 （2）接触器粘连或复位受阻	（1）恢复线路接触性能，紧固端子接线 （2）修复或更换接触器
9	吊笼停机后，可重新启动，但随后再次停机	（1）控制装置（按钮、手柄）接触不良 （2）门限位开关与挡板错位	（1）修复或更换控制装置（按钮、手柄） （2）恢复门限位开关挡板位置
10	吊笼上、下运行时有自停现象	（1）上、下限位开关接触不良或损坏 （2）严重超载 （3）控制装置（按钮、手柄）接触不良或损坏	（1）修复或更换上、下限位开关 （2）减小吊笼载荷 （3）修复或更换控制装置（按钮、手柄）

续表

序号	故障现象	故障原因	排除方法
11	接触器易烧毁	供电电源压降过大，启动电流过大	（1）缩短供电电源与施工升降机的距离 （2）加大供电电缆截面
12	电动机过热	（1）制动器工作不同步 （2）长时间超载运行 （3）启动、制动过于频繁 （4）供电电压过低	（1）调整或更换制动器 （2）减小吊笼载荷 （3）对运行作适当调整 （4）调整供电电压

3. SS 型施工升降机的常见电气故障与排除方法

SS 型施工升降机常见电气故障现象、故障原因及排除方法见表 6—7。

表 6—7　SS 型施工升降机常见电气故障现象、故障原因及排除方法

序号	故障现象	故障原因	排除方法
1	总电源开关合闸即跳	电路内部损伤、短路或相线对地短接	查明原因，修复线路
2	电压正常，但主交流接触器不吸合	（1）限位开关未复位 （2）相序接错 （3）电气元件损坏或线路开路、断路	（1）限位开关复位 （2）正确接线 （3）更换电气元件或修复线路

续表

序号	故障现象	故障原因	排除方法
3	操作按钮置于上、下运行位置，但交流接触器不动作	（1）限位开关未复位 （2）操作按钮线路断路	（1）限位开关复位 （2）修复操作按钮线路
4	电动机启动困难，并有异常响声	（1）电机制动器未打开或无直流电压（整流元件损坏） （2）严重超载 （3）供电电压远低于380 V	（1）恢复制动器功能（调整工作间隙）或恢复直流电压（更换整流元件） （2）减小吊笼载荷 （3）待供电电压恢复至380 V时再工作
5	上、下限位开关不起作用	（1）上、下限位开关损坏 （2）限位架和限位碰块移位 （3）交流接触器触点粘连	（1）更换限位开关 （2）恢复限位架和限位碰块位置 （3）修复或更换接触器
6	电路正常，但操作时有时动作正常，有时动作不正常	（1）线路接触不良或虚接 （2）制动器未彻底分离	（1）修复线路 （2）调整制动器间隙
7	吊笼不能正常起升	（1）供电电压低于380 V或供电阻抗过大 （2）吊笼超载或超高	（1）暂停作业，恢复供电电压至380 V （2）减小吊笼载荷，下降吊笼
8	制动器失效	电气线路损坏	修复电气线路

续表

序号	故障现象	故障原因	排除方法
9	制动器制动臂不能张开	（1）电源电压低或电气线路出现故障 （2）衔铁之间连接定位件损坏或位置变化，造成衔铁运动受阻，推不开制动弹簧 （3）电磁衔铁铁心之间间隙过大，造成吸力不足 （4）电磁衔铁铁心之间间隙过小，造成衔铁与铁心撞击，损坏部件	（1）恢复供电电压至380 V，修复电气线路 （2）调整电磁衔铁铁心之间间隙
10	制动器电磁铁合闸迟缓	（1）继电器常开触点有粘连现象 （2）卷扬机制动器没有调好	（1）更换触点 （2）调整制动器

4. 变频器的常见故障及排除方法

当发生故障时，变频器故障保护继电器动作，变频器检测出故障部位，并在数字操作器上显示该故障内容，可根据产品使用说明书对照相应内容和处置方法进行检查维修。

第七章

施工升降机安装拆卸事故案例分析

第一节　违反操作规程拆卸吊笼坠落事故

2005 年×月×日，某建筑工程局安装工程处在某大酒店工地主楼 B 段进行拆除 58 m 人货两用施工升降机的作业过程中，吊笼失控坠落，造成 4 人死亡。

1. 事故经过

事故发生当日，上午 10：00 左右在拆除施工升降机第一节标准节和四个滑轮后，准备把吊笼下滑到预定位置拆除第二标准节时，防坠安全器开始制动，吊笼被制停在导轨架上不能下降。当时吊笼内有朱某和王某两人，朱某要求在脚手架上的雷某下来帮忙，雷某到达吊笼内后，朱某打开防坠安全器盖，发现螺母无法旋松，不能调整，就将防坠安全器整体拆除，然后，朱某把吊笼下滑到预定位置，由王某固定好保险钢丝绳后，拆除第二节标准节。11：30 左右，第二节标准节被顺利拆除。然后，将吊笼停在第三节标准节的位置上，距地面高度为 52.8 m，作业人员从楼梯下楼吃饭。

13：20，8 名作业人员仍从楼梯上到层面，其中 3 人留在层面，朱某等 5 人通过外脚手架下到吊笼顶上。5 人中 2 人留在吊笼顶部工作平台上负责起重吊杆，松动标准节螺栓，3 人在吊笼内。当朱某操作电气开关，吊笼下降 0.5 m 左右后，被卡在导轨中，既不能下降又不能上升。朱某叫雷某用手压开电磁制动器，扳动一下传动轮，但传动轮扳不动。朱某又用电气开关启动，吊笼仍然不动。朱某就拿管钳和扳手调整制动器，螺栓松了约 15 扣之后，继续用电气开关启动，吊笼还是不动，就命雷某出吊笼检查。雷某没发现什么异常情况，朱某想再试一下，就在这时只听“哗啦”一声，吊笼失去控制，从 52.8 m 的高空坠落，造成吊笼内 2 人和笼顶部 2 人死亡，1 人重伤。

2. 原因分析

（1）该设备在拆卸标准节作业中，对重已拆除，吊笼下降，依靠制动器、防坠安全器保证安全，而朱某在发现防坠安全器发生动作后，不是按规定对防坠安全器进行复位，却擅自将防坠安全器整体拆除，故使吊笼失去安全保证。

（2）防坠安全器被拆除后，施工升降机已处于无安全保障的状态，当时电磁制动器的制动力矩只能增大，绝不允许减小，以确保安全。但是朱某违章调松电磁制动器，减小了制动力矩，而造成了吊笼坠落。

（3）保险钢丝绳挂设不当，又未进行验算，致使 ϕ12.5 mm 的钢丝绳在吊笼失控坠落时，承受不了巨大冲击力，被导轨架上角钢切断，无法起到保险作用。

3. 警示与教训

（1）施工升降机在拆除过程中，防坠安全器必须始终有效地啮合在齿条上。如果发生施工升降机下滑，防坠安全器制动时，必须在查找和排除下滑过快的原因后，才能对防坠安全器进行复位操作。注意，严禁将防坠安全器一拆了之，从而失去安全保障。

（2）拆卸作业时，必须对制动器进行检查，存在问题时应当进行调整，使制动力矩达到规定值，确保施工升降机可靠地制停在导轨架上，绝对不允许调松制动器。

第二节 吊笼冒顶坠落事故

2008年×月×日，某施工项目部在未安装调试到位的情况下启用施工升降机，发生一起施工升降机吊笼坠落事故，造成3人死亡。

1. 事故经过

该工程地下1层、地上20层，为现浇框筒结构，事故发生时已完成9层结构施工。因施工需要，该工程项目部向某建筑机械租赁公司租赁了一台SCD200/200A型新购的双笼施工升降机，由具有安装资质的租赁公司进行安装。因时间紧迫，租赁公司在尚未制定安装方案，也未向工人进行安全技术交底情况下，就派出无证的安装工人到场安装，并约请生产厂派出技术人员到场指导安装工作。×月×日，该施工升降机导轨架安装到28.8 m高度，并在建筑结构上设置了附墙装置，但吊笼安全钩未固定，上限位碰块和上极限碰块、天轮架、天轮、对重均未安装，安装单位未对施工升降机进行全面检查，也未办理验收手续，即于当日向工程项目部出具了工作联系单，告知“安装验收完毕。交付项目使用，并于即日起开始收取租赁费。”×日6：00，由无证女司机开动该施工升降机的一个吊笼，载2名工人驶向9楼，吊笼运行超出导轨架顶后从高空倾翻坠落，吊笼内3人当场死亡。

2. 事故原因

（1）使用时，施工升降机上限位碰块和上极限碰块均未安装，使上限位开关和上极限开关功能失效。

（2）安装单位未制定施工升降机安装方案和安全技术措施，未进行技术交底、未落实严格的安装验收手续，在安装尚未结束的情况下就交付使用。

（3）安装单位安排无证人员安装设备。

（4）设备使用单位未履行施工升降机安装后交接验收手续就启用施工升降机。

（5）设备使用单位安排无证人员担任施工升降机司机。

（6）监理单位对安装尚未结束的施工升降机投入使用的行为未进行制止。

3. 教训与警示

（1）设备安装、使用单位内部管理混乱，企业领导安全意识淡薄，不遵守有关安全的法律法规，导致事故发生。

①安装单位未制定详细的施工升降机安装方案、安全技术措施和验收方案，也未进行安全技术交底，安排无证人员安装起重机械，导致上限位碰块、上极限碰块、天轮架、天轮、对重均未安装，安全钩也未固定；设备安装后，也未进行必要的检查、试验和验收，就将设备交付给使用单位，并出具书面通知称已安装验收完毕。安装单位的行为违反了《建设工程安全生产管理条例》的第十七条“施工起重机械……安装完毕后，安装单位应当自检，出具自检合格证明，并向施工单位进行安全使用说明，办理验收手续并签字。”

②设备使用单位（工程施工总承包单位）未组织出租单位、安装单位、工程监理等单位共同进行验收即启用设备，违反了《建设工程安全生产管理条例》的第三十五条“施工单位在使用施工起重机械……前，应当组织有关单位进行验收。”

③设备使用单位安排无证人员操作施工升降机，违反了《建筑起重机械安全监督管理规定》（建设部令第 166 号）的第二十五条“建筑起重机械安装拆卸工、起重信号工、起重司机、司索工等特种作业人员应当经建设主管部门考核合格，并取得特种作业操作资格证书后，方可上岗作业。”

（2）设备生产厂家未能全面履行合同。

施工升降机是使用单位租赁的新设备，按合同规定，该设备第一次安装时厂家技术人员有义务到现场进行技术指导，直至全面检查、调试、验收合格后方可离开现场。但该厂技术人员在设备安装尚未结束，设备未进行试运转，未验收合格后就匆匆离开现场，生产厂家存在失职行为。

第三节　制动失灵吊笼坠落事故

2007 年×月×日，某居民住宅小区工地发生一起施工升降机吊笼坠落事故，一台 SCD200/200 型施工升降机西侧吊笼突然从 11 层楼坠落，吊笼内 17 名作业人员随吊笼坠落至地面，造成 11 人死亡、6 人受伤。

1. 事故经过

该工程为一幢 34 层高层住宅楼，×月×日施工升降机西侧吊笼从地面送料上行至第 33 层卸料后，下行逐层搭乘了若干名下班工人与 1 辆手推车，到第 26 层时又进入 4 人，此时吊笼内共载 17 人（含司机），关门后在未启动电动机的情况下，吊笼即开始下滑并失速下降，司机当即按下紧急按钮，但未能制动吊笼，吊笼加速坠落至地面，当场死亡 4 人，后经抢救无效陆续死亡 7 人，共造成 11 人死亡，6 人受伤。

2. 事故调查情况

（1）经现场勘察和事故调查，该施工升降机由某建筑机械厂生产，出厂合格证签发时间为 1996 年，吊笼内传动板标牌标注时间为 1999 年 8 月。升降机传动板上安装两套驱动装置、一台防坠安全器和上、下两个背轮，其中防坠安全器出厂时间为 2005 年 8 月，已通过检测。

（2）施工升降机司机持有效操作证上岗，设备无台班日检记录、无设备维修记录。

（3）事故发生时该吊笼内乘载 17 人、1 辆手推车，其质量为一个吊笼额定载重量 2 000 kg 的 66.75%，未超载使用。

（4）对重钢丝绳未断裂，对重坠落在施工升降机护栏外；天轮被对重撞出顶部支座并坠于 34 层平台上，轮缘明显有平衡块冲顶撞击痕迹。

（5）吊笼操作室内主令开关位于“0”位，紧急制动按钮位于“按下”状态。

（6）坠地吊笼传动板的下背轮轴断裂，下背轮脱落，驱动装置齿轮径向脱离齿条，防坠安全器齿轮失去水平约束。传动板上未设置齿轮防脱轨挡块。

（7）经相关机构对该吊笼的防坠安全器、电磁制动器、驱动齿轮进行检测，防坠安全器的安全开关动作可靠，符合《施工升降机齿轮锥鼓形渐进式防坠安全器》（JG 121—2000）的规定；两个电磁制动器摩擦片严重磨损，制动力矩小于《SC 系列施工升降机使用说明书》（以下简称使用说明书）标明的额定力矩 120 N·m。当两制动器同时有效制动时，该吊笼所能承受的最大载重量仅为 1 058 kg（静载）；下背轮轴所采用的内六角螺栓为 4.8 级，低于《施工升降机》（GB/T 10054—2005）标准规定的 8.8 级。

3. 事故原因

（1）电磁制动器的制动力矩不足。吊笼电磁制动器摩擦片磨损后，摩擦片与制动盘的间隙增大，压紧弹簧对制动盘的推力减小，所产生的实际制动力矩远远低于额定制动力矩，并小于吊笼内载荷在制动器上产生的自重力矩，导致吊笼失速下坠。

（2）更换了规格不当的螺栓。按使用说明书规定，下背轮轴原为 M20—8.8 级高强度内六角螺栓，实际选用的为 4.8 级内六角螺栓。

（3）产品设计制造不符合标准要求，传动板上未设置齿轮防脱轨挡块。吊笼的传动板上未设置防脱轨挡块，在吊笼坠落时，背轮轴被防坠安全器齿轮传来的水平冲击力剪断，背轮作用失效，防坠落输出端齿轮失去水平约束而脱轨。

（4）维护保养不到位。两个电磁制动器摩擦片严重磨损，未及时更换。

第四节　驾驶室底框开焊坠落事故

2001年×月×日，某建筑工地发生一起施工升降机吊笼底框坠落事故，造成施工升降机司机一人当场死亡。

1. 事故经过

2001年×月×日，某建筑工地施工接近尾声，项目部准备第二天拆除施工升降机，安装单位接到通知后，当天就派遣两名安装拆卸人员去现场检查施工升降机，当检查到吊笼底部时，发现驾驶室底座框焊缝被混凝土包裹，为看清焊缝情况，两人向工地借了一把钢锤敲击驾驶室底框，结果发现其中一个吊笼的底架与驾驶室底框间的焊缝开裂，当即进行电焊修补；然后又对第二个吊笼的底架与驾驶室底框进行敲击检查，未发现问题。但施工升降机使用到16：00左右，第二个吊笼上升到第20层时，驾驶室突然发生坠落，造成施工升降机司机当场死亡。

经查，驾驶室底框与吊笼底架之间的焊缝开裂很长，并有新老两种焊缝开裂痕迹。

2. 原因分析

（1）经现场调查、分析，该事故是由吊笼底架与驾驶室底框间的焊缝开裂所致。据勘察，焊缝开裂已经很严重，且时间较长。由于混凝土附着物覆盖未能及时发现。用大锤敲击后，混凝土附着物不仅没有脱落，反而加大了焊缝的开裂程度，致使吊笼在运行振动后，发生驾驶室坠落事故。

（2）拆卸前的检查是一项正常工作，但使用了不规范的检查方法和手段。

（3）检查人员的安全意识淡薄，业务知识不足。

3. 教训与警示

（1）升降机拆卸前的检查是一项重要工作，安装单位应制定企业的检查标准，明确检查的方法和手段。

（2）检查人员在不断提高业务水平的同时，也应不断地提高自己的安全意识，避免在工作中留下事故隐患。

第五节　设备失修高处坠落事故

2003年×月×日，某施工现场安装施工升降机的过程中，吊笼门脱落，连同一名安装作业人员从高处坠落，造成一人死亡。

1. 事故经过

该工地在安装从其他工地转移来的施工升降机过程中，当导轨架安装到14层高时，吊笼内一名安装人员搬起铁扶梯，准备从紧急出口到笼顶，由于失去重心，连人带扶梯一起倒向单行门，单行门脱离门框，与扶梯、人一起从高处翻落到地面，造成一人死亡。

经现场勘察分析，该施工升降机因未经转场保养，进入工地后发现单行门框的上滑轮轴失落，安装人员擅自使用一根钢筋临时替代。

2. 原因分析

（1）经现场调查、分析，临时替代滑轮轴的钢筋直径较小，当单行门受力向外挤压时，滑轮向外侧移动，造成轮距增大，致使单行门脱出滑轮后向下倾翻。

（2）施工升降机转移工地时未经保养，使施工升降机达不到完好标准。

(3) 安装人员安全意识淡薄，违规用钢筋代替滑轮轴。

3. 教训与警示

(1) 施工现场用钢筋代替销轴、钢丝代替开口销、焊接代替锁片紧固的现象时有发生，一旦发生事故，后果不堪设想，应引起安装人员的重视

(2) 施工升降机不执行转场保养制度，从一工地拆卸后即运至另一工地进行重新安装，边安装、边保养、边修理的情况比较普遍，要引起安装单位的重视。

附录 1

建筑起重机械安装拆卸工(施工升降机)安全技术考核大纲（试行）

1. 安全技术理论

1.1　安全生产基本知识

1.1.1　了解建筑安全生产法律法规和规章制度

1.1.2　熟悉有关特种作业人员的管理制度

1.1.3　掌握从业人员的权利义务和法律责任

1.1.4　掌握高处作业安全知识

1.1.5　掌握安全防护用品的使用

1.1.6　熟悉安全标志、安全色的基本知识

1.1.7　了解施工现场消防知识

1.1.8　了解现场急救知识

1.1.9　熟悉施工现场安全用电基本知识

1.2　专业基础知识

1.2.1　熟悉力学基本知识

1.2.2　了解电工基础知识

1.2.3　熟悉机械基础知识

1.2.4　熟悉液压传动知识

1.2.5　了解钢结构基础知识

1.2.6　熟悉起重吊装基本知识

1.3　专业技术理论

1.3.1　了解施工升降机的分类、性能

1.3.2　熟悉施工升降机的基本技术参数

1.3.3　掌握施工升降机的基本构造和工作原理

1.3.4　熟悉施工升降机主要零部件的技术要求及报废标准

1.3.5　熟悉施工升降机安全保护装置的构造、工作原理

1.3.6　掌握施工升降机安全保护装置的调整（试）方法

1.3.7　掌握施工升降机安装、拆除的程序、方法

1.3.8　掌握施工升降机安装、拆除的安全操作规程

1.3.9　掌握施工升降机主要零部件安装后的调整（试）

1.3.10　熟悉施工升降机维护保养要求

1.3.11　掌握施工升降机安装自检的内容和方法

1.3.12　了解施工升降机安装、拆卸常见事故原因及处置方法

2. 安全操作技能

2.1　掌握施工升降机安装、拆卸前的检查和准备

2.2　掌握施工升降机的安装、拆卸工序和注意事项

2.3　掌握主要零部件的性能及可靠性的判定

2.4　掌握防坠安全器动作后的检查与复位处理方法

2.5　掌握常见故障的识别、判断

2.6　掌握紧急情况处置方法

附录 2

建筑起重机械安装拆卸工(施工升降机)安全操作技能考核标准（试行）

1. 施工升降机的安装和调试

1.1　考核设备和器具

1.1.1　导轨架底节、标准节（导轨架）6 节、附着装置 1 套，吊笼 1 个。

1.1.2　辅助起重设备。

1.1.3　扳手 1 套、扭力扳手、安全器复位专用扳手、经纬仪、线柱小撬棒 2 根、道木 4 根、塞尺、计时器。

1.1.4　个人安全防护用品。

1.2　考核方法

每 5 位考生一组，在辅助起重设备的配合下，完成以下作业。

1.2.1　安装标准节（导轨架）和一道附着装置，并调整其垂直度。

1.2.2　安装吊笼，并对就位的吊笼进行手动上升操作，调整滚轮及背轮的间隙。

1.2.3　防坠安全器动作后的复位调整。

1.3　考核时间

240 min，具体可根据实际模拟情况调整。

1.4　考核评分标准

满分 70 分。考核评分标准见附表 2—1，考核得分即个人得分，各项目所扣分数总和不得超过该项应得分值。

附表 2—1　施工升降机安装和调试考核评分标准

序号	项　目	扣 分 标 准	应得分值
1	架体、吊笼安装及垂直度的调整	螺栓紧固力矩未达标准，每处扣 2 分	10
2		导轨架垂直度未达标准，扣 10 分	10
3		未按照工艺流程安装，扣 15 分	15
4	吊笼滚轮及背轮间隙的调整	滚轮间隙调整未达标准，每处扣 4 分	4
5		背轮间隙调整未达标准，每处扣 4 分	4
6		手动上升未达要求，扣 2 分	2
7		未按照工艺流程操作，扣 15 分	15
8	防坠安全器复位调整	复位前未对升降机进行检查，扣 3 分	3
9		复位前未上升吊笼使离心块脱挡，扣 5 分	5
10		复位后指示销未与外壳端面平齐，扣 2 分	2
	合　计		70

2. 故障识别判断

2.1　考核器具

2.1.1　设置故障的施工升降机或图示、影像资料。

2.1.2　其他器具：计时器 1 个。

2.2　考核方法

由考生识别判断施工升降机或图示、影像资料设置的两个故障。

2.3　考核时间

10 min。

2.4　考核评分标准

满分 10 分。在规定时间内正确识别判断，每项得 5 分。

3. 零部件判废

3.1　考核器具

3.1.1　施工升降机零部件实物或图示、影像资料（包括达到报废标准和有缺陷的）。

3.1.2　其他器具：计时器 1 个。

3.2　考核方法

从施工升降机零部件实物或图示、影像资料中随机抽取两件（张、个），由考生判断其是否达到报废标准并说明原因。

3.3　考核时间

10 min。

3.4　考核评分标准

满分 10 分。在规定时间内正确判断并说明原因，每项得 5 分；判断正确但不能准确说明原因，每项得 3 分。

4. 紧急情况处置

4.1　考核器具

4.1.1　设置施工升降机电动机制动失灵、突然断电、对重脱轨等紧急情况或图示、影像资料。

4.1.2　其他器具：计时器 1 个。

4.2　考核方法

由考生对施工升降机电动机制动失灵、突然断电、对重脱轨等紧急情况或图示、影像资料中所示的紧急情况进行描述，并口述处置方法。对每个考生设置一种。

4.3　考核时间

10 min。

4.4　考核评分标准

满分10分。在规定时间内对存在的问题描述正确，并正确叙述处置方法，得10分；对存在的问题描述正确，但未能正确叙述处置方法，得5分。

参考文献

[1] 蒋文华，王远洪．施工升降机安全使用与管理［M］．杭州：浙江科学技术出版社，2005.

[2] 窦汝伦．建筑起重机械——施工升降机、物料提升机、高处作业吊篮［M］．北京：中国环境科学出版社，2009.

[3] 住房和城乡建设部工程质量安全监管司．施工升降机安装拆卸工［M］．北京：中国建筑工业出版社，2010.

[4] 现代企业安全操作规程标准与技术丛书编委会．施工升降机安全操作规程标准与技术［M］．北京：中国劳动社会保障出版社，2009.